U0324022

国家自然科学基金青年科学基金项目(52204169)资助

旋转控制电液激振时效系统特性及关键技术研究

赵国超　著

中国矿业大学出版社

·徐州·

内 容 提 要

振动时效技术在处理机械构件残余应力问题方面具有结构简单、高效节能等独特优势,激振设备是振动时效技术的核心装置,其动态特性对时效工艺具有重要影响。针对振动时效系统及设备均化残余应力的工况需求,克服传统滑阀控制式电液激振系统的固有局限,本书提出了一种基于旋转控制阀的电液激振时效系统,并对该系统进行结构设计和样机试制。利用实验设计、数值模拟、实验验证等方法对旋转控制电液激振系统的动态特性及核心元件的工作特性展开了相关研究。

本书可供振动利用工程与液压技术专业的工程技术人员和科技工作者参考使用。

图书在版编目(C I P)数据

旋转控制电液激振时效系统特性及关键技术研究/
赵国超著. —徐州:中国矿业大学出版社,2024.5
ISBN 978-7-5646-5822-9

Ⅰ.①旋… Ⅱ.①赵… Ⅲ.①振动时效—应用—机械
制造材料—残余应力—研究 Ⅳ.①TH14

中国国家版本馆 CIP 数据核字(2023)第 091046 号

书　　名	旋转控制电液激振时效系统特性及关键技术研究
著　　者	赵国超
责任编辑	杨　洋
出版发行	中国矿业大学出版社有限责任公司
	（江苏省徐州市解放南路　邮编 221008）
营销热线	(0516)83885370　83884103
出版服务	(0516)83995789　83884920
网　　址	http://www.cumtp.com　E-mail:cumtpvip@cumtp.com
印　　刷	江苏凤凰数码印务有限公司
开　　本	787 mm×1092 mm　1/16　印张 9.5　字数 243 千字
版次印次	2024 年 5 月第 1 版　2024 年 5 月第 1 次印刷
定　　价	55.00 元

（图书出现印装质量问题,本社负责调换）

前　　言

　　振动时效技术在处理机械构件残余应力问题方面具有结构简单、高效节能等独特优势,激振设备是振动时效技术的核心装置,其动态特性对时效工艺具有重要影响。针对振动时效系统及设备均化残余应力的工况需求,克服传统滑阀控制式电液激振系统的固有局限,本书提出了一种基于旋转控制阀的电液激振时效系统,并对该系统进行结构设计和样机试制。利用实验设计、数值模拟、实验验证等方法对旋转控制电液激振系统的动态特性及核心元件的工作特性展开了相关研究。

　　为了丰富阀控性电液激振方法的相关理论基础和系统实现,也为了给大型液压设备元件及系统设计研发和振动利用工程等相关科研人员提供学习资料,本书对旋转控制阀和激振液压缸进行结构设计,建立旋转控制阀通流过程的数学模型,对旋转控制阀的压力-流量特性进行数学解析,分析了旋转控制阀工作过程的液动力特性;设计了唇边活塞变间隙密封及元件密封的激振液压缸复合密封结构;考虑电液激振时效系统的负载特征,构建激振液压缸的数学模型。根据电液激振时效系统的组成特点,对系统测控、数据采集和实验要求进行分析;基于 Fluent/MRF 滑移网格技术模拟旋转控制阀配流过程,分析其在不同油槽形状、转速、压力条件下流场的动态特性;利用 DOE-RSM 实验设计方法,对阀芯油槽的开槽参数进行多因素交互效应分析,通过二次回归正交优化设计获得实验空间内流场动态特性最佳时阀芯油槽的开槽参数;基于旋转控制阀,构建阀控缸激振环节的数学模型。根据旋转控制阀的液动力特性推导其动力学方程,通过 MATLAB 模拟,分析阻尼系数、转动惯量、液动力矩刚度系数对旋转控制阀动态响应特性和稳定性的影响规律。推导出控制阀旋转过程液压缸的激振状态函数,通过 Simulink 建立旋转阀控制液压缸的动态特性仿真模型,研究结构参数对阀控缸激振环节动态特性的影响程度和变化规律;根据旋转控制电液激振时效系统的整体结构,基于键合图理论、管路分段集中建模理论推导出系统的功率流向关系,并建立负载激振过程的 AMESim 模型,分析电动机转速、油泵排量、系统压力、负载特征和管路特征对电液激振时效系统负载激振过程振动特性的影响;试制旋转控制阀、复合密封激振液压缸的试验样机,搭建旋转控制电液激振时效系统实验台。对实验台的激振特性和旋转控制阀的输出特性进行实验测试,验证旋转控制电液激振时效系统结构设计的可行性和特性研究的准确性。本书的研究结论可为完善旋转控制阀和电液激振时效处理设备提供一定的研究思路和技术手段,为激振系统及设备的自动控制、夹具设计及数据采集提供一定的实验基础。

感谢辽宁工程技术大学王慧教授、赵丽娟教授、郭辰光教授、孙远敬副教授和营口理工学院宋宇宁副教授,他们提供了许多宝贵的意见,尤其感谢恩师王慧教授在科研道路上对本人的引导和启发,在此谨致谢忱。

撰写本书过程中参考和引用了国内外出版物中的相关资料以及网络资源,在此对相关作者表示深深的谢意。

本书的出版得到了国家自然科学基金青年科学基金项目(52204169)的资助,在此表示感谢。

由于本人水平有限和时间仓促,书中难免存在缺点和疏漏之处,恳请广大读者批评指正。

著　者

2022 年 12 月

目 录

1　绪　　论

1.1　研究背景及意义

1.1.1　研究背景

残余应力是一种去除外载和物理场作用后残存于物体内部使其自相平衡的固有应力[1]。几乎所有的机械加工制造技术、结构强化工艺都会因为不均匀的塑性变形或者是物相变化而使机械构件中存在残余应力,如焊接、铸造、锻压、热处理、喷丸、钣金、冷拔、滚压等[2]。对金属构件来说,残余应力大多数是有害的,而且构件在服役过程中往往因为残余应力的存在使其静强度、疲劳强度下降,结构刚度和受拉、压杆件稳定性削弱,从而导致其腐蚀开裂等问题[3]。如钢轨内存在较大的残余应力会在其使用过程中出现断裂,残余应力较大会导致无缝钢管出现较严重的弯曲甚至开裂[4]。残余应力还会导致工作中的构件出现塑性变形,从而影响整机的工作性能[5]。以液压支架疲劳破坏为例[6-7],其柱窝耳座、护帮板、支架顶梁是主要的疲劳失效位置[8],而液压支架是一种典型的集合多种机械加工工艺于一体的大型煤矿机械,其构件在加工过程中往往经过焊接、铸造等处理,因此使得构件自身存在残余应力,正是由于残余应力的存在,使得液压支架在服役过程中出现一些非正常的疲劳破坏现象,如焊接处开裂、受拉压杆件破裂等。图 1-1 为液压支架局部疲劳破坏失效情况,图 1-2 为因材料缺陷出现破裂的液压缸[9]。

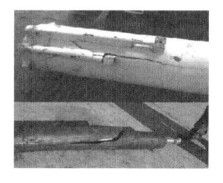

图 1-1　液压支架局部构件的疲劳破坏　　　　图 1-2　开裂的液压缸

在机械工程学科范畴内,工件毛坯中的残余应力是导致工件甚至是机械结构整体变形、失稳的主要因素[10]。构件在几种典型机械加工方式下派生的残余应力及分布情况如图 1-3 所示。

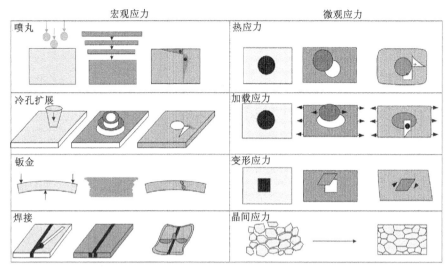

图 1-3　机械加工过程中派生的残余应力及分布

残余应力的处理方式主要有热时效（TSR）、自然时效（NSR）、振动时效（VSR）等[11]。热时效的处理方式可追溯至石器时代，其主要通过加热、保温、冷却等过程削弱工件内的残余应力。自然时效是一种最为古老的残余应力处理方式，通过将工件置于常态的自然条件下，使工件内的残余应力缓慢释放。振动时效是近代兴起的一种时效处理方式，依靠振动发生设备对工件进行共振处理，其振动频率处于工件固有频率范围内，经过一段时间的振动，使工件内的残余应力得到抑制或消除[12]。VSR 技术具有设备结构简单、节约资源、高效环保等优点，具有取代传统时效工艺的潜力[13]。

激振器作为 VSR 技术的重要支撑，其主要功能是输出振动特征。激振器的工作特性、可靠性等整体性能会对时效系统的输出特性和时效性能产生较大的影响，有必要面向 VSR 技术对激振器进行开发及优化。根据工作方式可将激振器分为机械式激振器、电磁式激振器及液压式激振器。机械式激振器一般将偏心轮、凸轮、曲柄摇杆等机构作为振动的激励源，并通过联轴器等环节将振动直接传递。机械式激振器产生的振动频率一般在 5～100 Hz 以内，振动负载一般为 49～980 N，有效振动行程一般不超过 50 mm。机械式激振器结构单一、成本低廉、承载能力强，但无法进行高频振动且存在机械杂波干扰而使得波形严重失真，工作持续时间较长时，很难保证振动特征的平稳输出[14]。电磁式激振器主要由支撑弹簧、永磁体及动圈等组成。工作时，永磁体在电流的作用下产生洛仑兹力并驱动支撑弹簧及其他连接环节往复运动，实现振动特征的产生及输出。小型电磁式激振器的工作频率为 1～10 kHz，大型电磁式激振器的工作频率约为 20 kHz，电磁式激振器的振动负载一般在几百牛顿以内，振动的有效行程直接受弹性件的影响。电磁式激振器的波形基本不失真、工作的频率范围较宽，但是其构成较复杂、成本价格较高，很难带动较大负载进行高频振动，长时间运作时设备发热严重[15]。液压式激振器主要由频率较宽的伺服阀控制液压缸组成，利用伺服阀对液体的方向、压力进行调节，从而驱动液压缸进行往复运动并输出振动[16]。在现代化工业中,高频宽的伺服阀几乎都由电信号控制,因此液压式激振器也可以视为电液激振器,其工作时产生的振动频率往往由支配液压缸运动的伺服阀决定[17]。工业中应用较多的电液伺服滑阀控制式激振器的振动频率最高可达 1 000 Hz,最低频率约在 10 Hz 以下,振动时负载可达几吨甚至几十吨,振动最大行程可达 50～100 mm[18]。电液激振器不但输出作用力大、频率范围宽,而且利用溢流阀容易实现过载保护,工作安全、可靠,可实现多点激振;工作介质存在润滑和吸振作用,使得设备工作相对平稳,延长使用寿命,还具有操作简单、易集成化及自动化控制等优点[19-20]。其缺点是高频性能受伺服控制阀的限制,波形失真情况相对明显。由此可见,伺服阀控制电液式激振器以其独特的优势或将成为激振器的重要发展方向[21]。

1.1.2　研究意义

电液激振设备具有动应力大、功率高、可无级调频调幅、负载自适应等优点。当前电液激振技术中,各种类型的滑动伺服阀被广泛应用于激振液压系统中,但滑动伺服阀存在价格高、内部流道复杂、易受污染、容易发生卡滞等缺点,这对电液激振技术来说是十分不利的。同时,现代工业要求激振频率应该满足较宽的频率带,振幅可调以及激振力、激振加速度大等要求,而滑阀的阀芯位移和通流面积与激振系统的输出波形很难匹配,导致滑阀控制的电液激振器很难具有工业普适性。可见,传统滑阀的固有特征制约了电液激振设备及配套技术的发展。此外,传统机械式振动时效装置在进行时效处理时,稳定激振的最大加速度不超过 100 m/s²,由《振动时效效果评定方法》(JB/T 5926—2005)可知:利用机械式振动时效装置进行时效处理时,需要稳定激振 40 min 以上才能达到消除残余应力的工艺要求,所以传统机械式振动时效装置的效率并不高[22]。

鉴于此,为了将电液激振技术应用于振动时效工艺并提高时效处理过程的工作效率,课题组设计了一种直接驱动式旋转控制阀和复合密封结构的激振液压缸。利用旋转控制阀对激振液压缸直接控制形成一套频率、效率较高,振幅可调,能对大型结构件进行时效处理的旋转控制电液激振时效系统。

旋转控制电液激振时效系统通过旋转控制阀输出/排放油液控制激振液压缸往复运动,因此旋转控制阀是整个系统的关键环节。旋转控制阀的基本参数(包括阀芯形状、油槽特征、转速)及系统工况条件的改变均会导致阀的输出压力、流量发生变化,进而对整个系统输出的振动位移、加速度等造成一定程度的影响,因此研究旋转控制阀内工作油液的流动特性和输出变量的动态特性对旋转控制阀结构优化及参数匹配至关重要。

旋转控制电液激振时效系统属于典型的液压系统,该系统中的旋转控制阀和激振液压缸通过管路连接,管路的动态特性(液容、液阻、液感)势必对系统输出的振动特性产生一定的影响,而管路的动态特性又由管路的结构参数和材料属性所决定,因此有必要研究管路动态效应对系统振动特性的影响规律,为旋转控制电液激振系统的结构进化设计和集成化设计提供基本理论支撑。

旋转控制电液激振时效系统的工程应用目的是对机械基础构件进行振动时效处理,以期均化、弱化甚至消除构件中因机械工艺处理所产生的残余应力。而进行振动时效的机械构件并不是单纯的惯性负载,在与电液激振时效系统进行连接时往往还要存在一些弹性效应和阻尼效应,因此考虑负载特征时对电液激振时效系统进行研究可以为振动时效消除残余应力过程的构件连接方式及夹具设计提供一定参考。

因此,开展针对旋转控制电液激振时效系统特性及关键技术的研究对电液激振式残余应力消除设备的开发和集成化设计具有重要的研究意义和工业应用价值。

1.2 国内外研究现状

1.2.1 电液激振器的研究现状

电液激振器可在多种环境下对金属材料、非金属材料、机械零件、工程结构件等的机械性能、工艺性能、内部缺陷和旋转零部件动态不平衡方面进行测试。此外还可以对地震波形和海浪波形进行模拟。通过对电液激振器的主动控制可实现材料的优选、工艺的改进及可靠性的提升等[23]。电液激振器及相关设备的开发历史可追溯至第二次世界大战前期,由于航空、航天、航海、装甲车等军工方面对材料的要求较为严格,对振动的实验和利用也比一般工业水平高很多,因此最初的电液激振器主要应用于军工[24]。电液激振器是一种典型的伺服系统,工业常用的电液激振器可表示为如图 1-4 所示结构[25],主要包括液压系统、控制系统和输出系统三大部分。在液压系统中,由伺服阀向液压缸内输入一定压力的油液,推动液压缸活塞杆带动负载往复运动,运动信号由伺服阀的控制信号决定。液压系统包括油泵、压力控制阀、方向控制阀、过滤器、蓄能器、冷却器、油箱等。输出系统包括夹具、承载台架、伺服控制阀、振动液压缸及各种数据采集传感器(力传感器、加速度计及位移传感器等)。

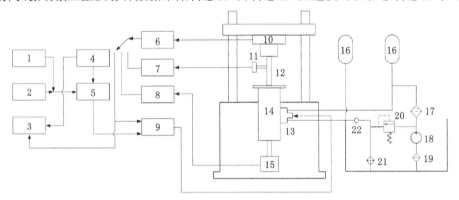

1—程序装置;2—波形发生器;3—计算机;4—函数发生器;5—信号操作器;6,7,8—测量放大器;
9—伺服控制器;10—力传感器;11—引伸计;12—试件;13—伺服阀;14—液压缸;15—位移传感器;
16—蓄能器;17—精滤油器;18—油泵;19—粗滤油器;20—溢流阀;21—单向阀;22—冷却器。

图 1-4 工业典型电液激振器的组成

伺服类电液激振装置具有较高的功率-重量比,电机和液压马达的功率-重量比约为 10:1,现代工业中一般要求电液激振系统具有较大的动应力、较宽的频率以及较高的振动幅值。因此,采用电液伺服控制不仅能使整体的结构简单,还能减小样机重量,提高系统响应速度和固有频率。此外,液压控制系统的负载刚度高于机械式控制系统和电磁式控制系统,负载刚度越大意味着控制精度越高。由此可见,电液激振系统的特有优势是其在工业中广泛应用的主要原因[26]。

自 20 世纪以来,国外相继开展了伺服控制类液压激振设备及装置的研发。C. Aboim 等[27]提出了一种用于模拟地震对建筑结构影响的液压振动实验台,并提出利用伺服阀对振动的波形进行实时控制,但缺点是只能带动很小的负载,振动的频率范围仅为 10～50 Hz。

J. Takemura[28]为解决在超大型振动实验中,实验设备无法满足工况模拟需求的问题,提出一种基于相似准则的中心模型实验法,用于制备振动实验台。

S. A. Ketcham 等[29]设计了一种电液振动模拟器,其核心是伺服阀控制凸轮旋转并推动曲柄摇杆进行往复运动实现振动的产生和传递,该设备已成为现代机——液耦合式振动台的原型。近年来,制造业智能化的发展方向促进了伺服液压振动系统以及大型振动设备的开发[30]。

S. Pagano 等[31]设计了一种单向电液振动实验台,并对实验台的非线性特征进行参数辨识,讨论了伺服阀的死区、摩擦等问题对振动信号的影响。其振动实验台模型如图 1-5 所示。

图 1-5　单向电液振动实验台模型

M. Cardone 等[32]以用于地震实验的液压振动台为研究对象,利用流体动力学方法对振动台的液压回路及液压元件进行 AMESim 建模仿真,分析了柱塞泵供油压力、振动控制阀、蓄能器及连接管路内阻等液压参数对振动台频率和加速度等输出性能的影响,为液压振动台的研究提供了理论依据。

J. Pluta 等[33]提出了一种用于发生振动的装置——水平双轴振动激励器,如图 1-6 所示。激振器通过 FPGA 系统和 Labview-PID 控制器进行实时控制,利用物理激振实验台研究激振质量块对振动信号的影响规律,讨论了振动系统的输出特性,确定了振动机构的传递函数。

N. Anekar[34]为了获取一定范围内的振动波形、激振力和激振位移,设计研发了一种具有不平衡质量的单轴振动实验,利用振动系统建模方法对振动台的性能进行了分析,并通过实验台对焊接件、混凝土构件等进行振动测试,证实了该实验台用于振动实验的可行性。

M. Saadatzi 等[35]基于振动实验过程中物理波动形式存在单向作用和多元耦合作用的情况,研发了可用于多工况振动条件下测试的振动激励器——AEVE 3D,该振动激励器有 3 个振动输出轴且 3 个轴位于一个线性滑台上,其基本结构如图 1-7 所示。

M. Saadatzi 团队利用 MATLAB-GUI 和 COMSOL Multiphysics 联合仿真,对振动激励器多轴耦合的振动输出电压进行模拟,并建立 AEVE 3D 振动激励器实物进行振动实验,

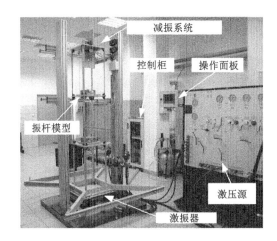

图 1-6　水平双轴振动激励器

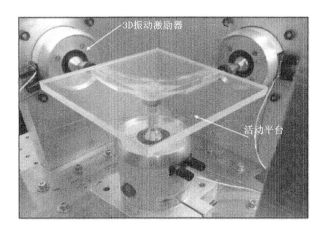

图 1-7　AEVE 型 3D 振动激励器

得到了激励器振动频率和输出电压单轴作用、多轴耦合作用的非线性规律,并利用所得结果对 AEVE 3D 振动激励器的应用范围做出了评价。

　　国内对振动设备的研发起步稍晚,在 1969 年之前大部分振动实验设备主要来源于国外进口。在此之后,国内相关科研机构、机械设备制造厂相继对振动实验机进行研发[36]。首批电液伺服振动实验机先后在长春、济南等地试制成功[37]。随着国内经济的腾飞,机械制造与装备行业的迅猛发展,在引进、消化进口设备的基础上,经过不断的样机试制和实验,国内振动设备的研发已积累了一定数量的科研队伍及制造厂商。此外,振动源于生产和生活,振动的相关研究属于多学科交叉内容,大多数技术领域的研究均离不开振动。因此,近年来国内对振动设备的研究已经形成自主设计和开发、集成制造及多领域应用等特点[38]。

　　郑州工业大学吴振卿[39]以典型惯性激振器为例,分析了激振器轴承的受力特点及配合精度,总结了轴承寿命与激振器转速、润滑方式的关系。

　　西安飞机设计研究所沈祖辉[40]对外挂气动力导致行驶过程中飞机机翼产生波动性载荷从而造成飞机悬挂系统振动的问题,提出一种用于飞机悬挂系统随机振动实验的设备及技术。根据悬挂系统随机振动实验在环境、设备、技术等方面的要求,对试件、夹具、测试仪器及控制系统进行了详细分析,设计了基于多点控制的随机振动激励方式及实验规范,并指出了随机振动实验在设备、激励模拟方面的发展方向。

中国飞机强度研究所曹琦[41]、周苏枫[42]根据飞机结构及机载设备在飞机处于振动情况下的可靠性分析,研制出用于飞机结构件振动环境实验的实验系统,该系统具有参数辨识、振动环境控制、振动信号测试与分析等功能。其振动实验系统综合特性较强,可实现三维振动环境实验,为振动综合实验设备及系统的开发提供了导向。

中南大学毛大恒等[43]通过总结国内外振动桩锤激振器调节装置现有技术存在的问题和缺点,基于现有机械、机电的调幅、调频手段,提出了一种使用液压马达作为驱动来源的新型四轴惯性激振装备。他们通过数学建模对该装备的稳态调节特性进行系统分析,并证明了液压驱动的振动方式可实现振幅的独立无级调节,激振器的合成振动为简谐振动。

中国工程物理研究院结构力学研究所严侠等[44]通过对当前研发的三轴六自由度的液压振动台进行建模,分析了机械系统和液压系统振动时的运动特性、动力传递特性及整体动态特性,提出了电液伺服六自由度控制策略。

太原理工大学廉红珍等[45]通过总结惯性激振及典型液压激振等方式的技术要点,分析了惯性激振方式在参振质量较大工况时存在能耗大及轴承使用寿命低等问题,指出了液压激振的优势。他对液压激振的发展现状进行了综述,并提出利用柱塞泵直接控制双作用液压缸的新型"泵控液压缸直线激振系统"。寇子明等[46]通过建立"20#钢管激振系统"对测试管道进行定点振动实验,分析了系统压力、振动频率对管道振动幅值的影响规律,实现了管道振动的主动控制。2007年,闻邦椿[47]、范宣华[48]、蒋刚等[49]分别总结了振动主动控制的技术难点、振动实验的控制方法、高频振动时效技术的应用性,并指出了振动控制及设备的机电液多系统协调配合的发展趋势。

胡晓东[50]利用热时效和振动时效对铸造工艺结构件进行时效性处理,对比分析了两种技术的优缺点,通过实验统计数据证明了振动时效的独特优势,阐明了振动应力消除装置的发展空间。同年,浙江工业大学阮键教授及其团队根据电液振动系统的结构和原理,对液压振动机构进行整体建模,考虑液压系统压力与流量的非线性关系,利用振动实验装置,研究了电液激振器在典型波形输入条件下,振动控制机构对其输出波形失真度的影响规律[51]。

南京理工大学廖振强团队为了减少高平方筛在停车阶段的振动,利用自调式惯性激振器对高平方筛进行振动模拟,分析了参数匹配对激振器减振效果的影响[52]。

为了实现疲劳实验装置的高频振动,浙江工业大学蔡俊飞[53]、河南工业职业技术学院曲令晋等[54]以旋转阀控制双作用液压缸为液压振动机构,分析了阀控缸系统对振动输出特性的影响规律和输出相位吻合特征,使得液压控制振动的方式达到振幅、频率、相位等指标可控的要求。

杭州电子科技大学倪敬团队基于振动拉削工艺对设备输出力的要求,设计了双阀并联流量补偿控制的伺服式电液激振实验系统。该系统属于滑阀控制液压缸型,且阀控缸环节集成一体(图1-8),大幅度避免了以往电液伺服系统中长管路对系统的影响。此外,双滑阀并联可实现阀输出流量在振动频率和振幅之间进行补偿和平衡,有效增大系统输出频率的宽度[55-56]。

1.2.2　激振控制阀的研究现状

电液激振设备振动工作时,往往通过激振控制阀对振动的幅度、方向和频率进行控

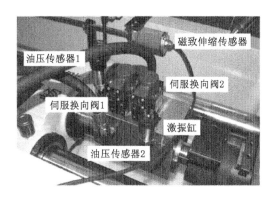

图 1-8　倪敬团队提出的滑阀并联激振系统

制[57],因此控制阀的结构、形状、基本参数及动态特性对振动的输出效果势必产生一定影响。随着装备制造业向"高精尖"方向发展,对基础构件的要求越来越严格,从而要求 VSR设备振动的频率、幅值、波形具有一定的可调性。因此,如何通过设计或调节控制阀的动态特性以满足高频宽、高幅值、输出作用力大的振动要求仍然是液压振动设备在实际工业应用中的关键技术及研究难点[58-59]。在液压系统中,阀是主要控制元件,电液激振设备属于节流型液压系统,因此电液激振设备中激振控制阀的机能直接控制执行元件的动作,电液激振设备阀控缸系统原理如图 1-9 所示[60]。

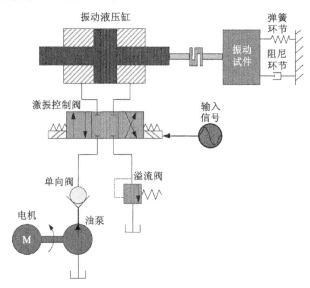

图 1-9　电液激振系统

　　在上述系统中,激振控制阀通过控制工作油液的通流完成液压缸活塞杆的往复运动,从而振动。当输入信号变化时,激振控制阀的接通方式和开口程度发生改变,从而实现对振动的主动控制。阀的工作性能对振动设备的工作质量有决定性影响[61]。激振控制阀主要分为压力控制和方向控制两类,有滑动和旋转两种结构形式。激振控制阀与普通电液伺服阀相比应具有更高的灵敏度和频率宽度,同时对润滑性和密封性的要求更高。随着激振设备向宽频率、输出作用力大、高幅值的方向发展,使得控制阀的设计和研发集中在可调频、大流量等方向[62]。所以有必要设计、研发一种用于电液激振的控制阀,满足振动设备对宽频率、可调频率的要求,实现振动波形可根据工况实时变化,这样的控制阀及电液振动设备才能满足振动时效的工业性需求。

在液压激振、电液激振或机液激振系统中通过控制阀可实现对振动液压缸输出位移、速度、加速度等振动信号的调节和控制。在液压元件参与的激振系统中,控制阀的动态特性和稳定性对振动波形有很大影响[63]。随着制造工业基础技术的提高,液压系统用阀的制造工艺也随之提高,液压控制阀的额定压力、额定流量也取得了较大幅度的提升。在电液激振系统中,用于控制液压缸振动的液压阀主要有传统单向伺服滑阀、旋转伺服阀、2D伺服阀[64]。因此,基于电液激振控制系统,分析控制阀对系统输出的影响,可促进电液激振控制阀及系统的优化、改进,对激振设备的升级和振动主动控制技术的完善也至关重要。

A. Misra 等[65]利用单向锥阀设计了一种自激式振动系统,通过对动态模型展开仿真和实验,讨论了控制阀流量系数和阀芯运动位移的函数关系,并得出控制阀负载刚度和阀芯开度的关系。

J. Ruan 等[66]利用2D伺服阀对液压缸进行控制,研发了一种高频、宽频的电液激振器。通过对2D伺服阀运动特性进行建模仿真,分析了在不同频率带宽内阀的线性开口度与激振力之间的波动关系,并利用现场实验对不同频率时的激振力进行测试,得到了系统振幅和激振力与2D阀旋转速度和滑移量的关系。

W. R. Wu 等[67]针对传统滑阀控制式激振器无法实现高频振动的问题,利用双向插装阀和二位四通滑阀组合的方式设计了一种盒式激振阀,并通过AMESim仿真平台分析了盒式激振阀的输入压力、插装阀通流面积比及弹簧刚度对激振器振动特性的影响规律。

H. Wang 等[68]对旋转阀控制液压缸式液压激振器的转阀阀口通流形式进行数学建模。以三种常用形式的阀口为例,分析了转阀旋转过程中阀芯角位移与通流接触面积的关系,进而推导出转阀一个工作周期的流量动态方程,并通过样机实验分析了转阀三种阀口形式和相同阀口形式不同阀口长度时的振动频率及激振波形失真情况。

Y. Liu 等[69]介绍了一种多台肩的旋转激振伺服阀及激振系统,构建了不同阀芯的流动开放区域模型。利用MATLAB/Simulink数值模拟,总结了阀芯结构特征对转阀压力-流量关系及流量增益的影响规律,并在考虑出液口压降的情况下建立了激振系统整体模型,对波形的幅值和相位进行了仿真及实验测试。

Z. Meng 等[70]通过对双滑阀并联式电液激振系统的位移增益特性进行建模分析,利用Bernoull方程对双阀控制液压缸系统在低频区间内的增益特性进行模拟和实验,验证了双阀并联的激振方式在提高振动位移幅值方面具有较好的效果。

Y. Ren 等[71]针对传统电液激振用阀因响应速度差导致激振频率带宽较低的问题,利用旋转阀和直动滑阀组合的方式提出一种新型激振转阀。通过阀芯的旋转实现液压缸往复运动,阀芯的转速决定激振频率,阀芯的轴向开度决定了激振幅值,采用这种耦合作用方式使激振转阀的响应速度和系统的激振频率得到提高。

T. Xing 等[72]为延长机械加工刀具的使用寿命,利用转阀控制技术研发了一种振动辅助加工(Vibration-assisted machining,VAM)高频振颤设备,并对阀控液压缸环节进行数学建模,利用MATLAB/Simulink模拟颤振过程,分析了旋转频率与振颤端盖的位移及振动波形的关系。

D. Han 等[73]设计了一种转阀控制式的夯锤捣固车,对高速旋转控制阀进行数学建模,利用 AMESim 分析了阀的工作频率、油槽导向宽度与捣固镐位移、速度、加速度及输出力之间的关系,为新型捣固设备的开发提供了一种新思路。

H. Wang 等[74]提出了一种由步进电机驱动旋转阀控制的高频带宽电液激振器,分析了阀口当量通径与振动波形失真度的关系,通过对伺服阀旋转控制微动液压缸动态过程的模拟及实验,得到了旋转频率、供液压力与振动幅值的线性关系,总结了转阀、液压缸工作参数对激振波形的影响规律。

Y. Liu 等[75]为解决捣固机械在幅值和频率方面难以自动调节而无法满足不同工况的要求等问题,开发了一种四级转阀并联控制的捣固夯锤,利用数值模拟与实验相结合的方法对液压系统压力、转阀输入频率对捣固臂输出幅值动态特性的影响进行分析,给出了不同压力下捣固臂振动幅值和频率的匹配关系,为捣固设备的优化提供了实验依据。

Y. Ren 等[76-77]为改善电液激振器的振动波形,提高振动频率带宽,利用 2D 转阀与伺服滑阀并联的方式对双作用液压缸进行协同控制,通过建立双阀控制液压缸的耦合叠加解析模型,分析了 2D 转阀与滑阀节流面积比对振动幅值的影响规律,利用实验证实了振动波形近似正弦波,但振动波形在上升段和下降段是不完全对称的,振动波形失真度小于 10%,证明了多阀协同控制对提高激振频率及振动波形精度具有较好的效果。

J. Yu 等[78]基于 ANSYS/Fluent 平台,利用 CFD 模拟方法对旋转直接驱动式伺服阀(RDDV)流场进行动态模拟,分析了阀芯旋转角位移和半径对 RRDV 流量和液动力的影响,研究结果为旋转式伺服阀的数值模拟提供一种新方法。

X. Ji 等[79]利用 2D 转阀控制原理设计了一种高频大功率电液振动清洁器,根据清洁器原型进行仿真建模及实验,讨论了 2D 转阀对清洁器振动加速度、振动频率、振动幅值的影响,并分析了液压共振情况的有益效果。

M. Zhu 等[80]设计了一种带有导向孔的直接驱动式旋转控制阀,利用动网格和局部网格更新技术对转阀的内流场进行动态模拟,通过对阀口交替供油过程进行数学建模,分析了转阀流量和液动力矩随转角的变化情况,并根据模拟结果对阀芯缓和槽进行优化,研究了槽口高度、阀口压差对流量和液动力矩的影响。

浙江理工大学蒙臻等[81]利用并联伺服滑阀构建了用于拉削工艺的电液激振系统,通过建立双滑阀并联控制式液压系统流体激振力模型和输出力模型,测定、分析工作频率对激振力的影响,研究了双阀控制式液压系统的响应特性,拓宽了多阀组并联电液激振模式的研究思路。

太原理工大学曹飞梅[82]利用 CFD 的 SIMPLE 算法以电磁换向滑阀为例,通过设定不同的边界条件对滑阀内部流场进行可视化模拟,根据模拟结果对阀口的形状进行二次优化,减少了原模型中流体湍动能耗散严重、漩涡区较大等问题。

浙江工业大学李伟荣等[83-84]、杨水燕[85]通过对 2D 旋转伺服阀进行数学解析,建立阀口节流面积通流方程及傅立叶变换,研究了转阀闭环控制的稳定特性和激振响应特性,并分析了转阀基本参数对电液激振系统的频率、幅值、相位的影响,同时提出了激振波形的控制技术。

中国海洋大学张鹏[86]设计了一种纯水液压旋转方向控制阀,利用 Pro/E 建立了阀口不同开度下的流场模型,通过 Fluent 流体仿真对不同入口压力下阀口液体的流动特性进行模拟,推断了阀口的缺陷及不足,并给出了优化建议。

辽宁工程技术大学张建卓[87]、邓宗岳[88]、井伟川[89]等为实现对工件时效处理,达到均化、弱化残余应力的目的,提出了一种基于旋转控制阀的电液激振时效系统,开发出了新型旋转式方向控制阀。阀体交错布置的多条油槽可实现高频率输出油液。基于该转阀,上述学者通过系统建模仿真手段,利用 AMESim 平台对转阀在不同工作条件下的动态特性进行分析;利用 CFX 对转阀内的流体流动特性进行模拟,分析了阀口漩涡及负压问题。

福州大学黄惠等[90]设计了带有中间轴的二自由度双阀芯旋转换向阀,利用 CFD 模拟方法,计算得到了旋转角度不同情况下换向阀内部流场的静、动态特性,分析了转阀内部压力的分布特点和压力损失的集中区域。

浙江大学龚国芳团队[91-93]开发出一种高频激振转阀,并应用于液压捣固设备。基于 MATLAB/Simulink 和 ANSYS/Fluent 等数值模拟手段,研究了阀口形状、阀芯角位移、旋转速度、供液油压等不同工况下转阀的流量系数、流量、稳态液动力矩及输出参数等,讨论了转阀控制液压振动系统激振波形的动态特性。

浙江工业大学阮健团队[94-98]开发出一种二自由度的旋转式伺服控制阀,对其结构设计、单体稳态特性、流场气穴、空化特性、系统输出特性等进行模拟,对转阀在 2 个自由度上的动态特性、液动力特性、卡紧力特性等进行研究,为转阀控制液压系统的设计、仿真和实验提供了大量的参考数据和借鉴方法。

1.3 发展趋势

由上述电液激振设备及激振控制阀的研究进展综述可知:电液激振设备无论是作为一种机械构件处理的辅助设备,还是单独作为领域内的工程机械,都将成为机械工业的重要基础设备。电液激振器作为激振设备的一个典型代表,通过阀控液压缸输出振动工程领域所需的加速度、位移、激振力等物理量,根据这些物理量可使得基础工程获得所需的目标量。因此,对于机械工程领域及振动工程交叉学科来说,有必要研发一种新型电液激振装置以满足飞速发展的机械现代化要求。而对于电液激振设备而言,激振控制阀是整个液压系统实现并输出激振特征的核心元件,普通滑阀已经无法满足工业应用对激振频率和振幅的要求,若通过多组滑阀并联的方式进行控制,则会引入多级变量,使得整个液压系统成为多参量耦合的时变性复杂电液系统,从而造成多级共振现象、导致振动过程不可靠、激振信号失真度较大等问题。所以,新型直接驱动式旋转控制阀以其高频宽、可控性好、输出稳定等优势必将成为高频电液激振设备的首选。为此,对于电液激振设备和激振控制阀的发展空间可做出如下展望:

(1)电液激振设备作为主要工程机械时,应满足工程对象对激振输出的力、位移和加速度等特征可调节的要求,以适应不同的工作环境。因此,可对激振系统的控制阀和液压缸进行优化改进,拓宽有效工作区间、提高输出功率;增加固有频率和换向控制频率,实现高频、大流量、输出作用力大的功能。

(2)电液激振设备作为辅助设备时,在保证工作特性稳定可靠、可控的前提下应尽量结构简单化,才能保证设备整机具有良好的动态特性。因此,激振控制阀可考虑多级结构的集成化设计、制造。考虑阀缸一体式激振系统,弱化系统之间管路连接派生的波动效应。

（3）电液激振设备在工作时往往连续、长时间运转，液压系统工作介质通常是具有一定黏度的液压油，在连续动作时，液压缸和控制阀会存在不同程度的发热问题，系统过热会使得工作介质的物料特性发生改变，因此激振液压缸和控制阀应具有较好的润滑性能、密封性能和冷却性能。

（4）机电液集成、高度一体化的激振设备。与地震模拟用六自由度振动台类似，引入现代控制理论实现激振系统的自动控制，从而提高激振设备的抗干扰能力，实现系统激振频率、幅值、相位、速度、加速度等参量根据实际工况自动调节。

1.4　主要研究内容及技术路线

为改善电液激振主动振动设备的低频宽、动应力小等缺点，同时推进对电液激振时效技术基础设施的研发，本书在技术和方法上对旋转控制阀、配套激振液压缸进行结构设计，建立了旋转控制阀三维模型，对不同旋转控制阀阀芯的流场特性进行 CFD/Fluent 模拟及开槽参数匹配，根据最佳匹配结果建立旋转控制阀运动过程的通流面积、输出压力及输出流量动态特性方程，并对系统的动态特性、负载激振特性进行了分析。具体研究内容如下：

（1）旋转控制电液激振时效系统结构设计。

设计一种由伺服电机直接驱动的旋转控制阀和用于输出激振特征的复合密封液压缸。其中旋转控制阀由电机通过联轴器直接驱动，通过多道油槽的阀芯结构提高系统的激振频率和响应速度。激振液压缸的振动通过旋转控制阀对高压油液进行配流和对低压油液进行输送来实现，采用唇边活塞变间隙密封和元件复合密封技术对激振液压缸进行结构设计。

（2）旋转控制阀的流场动态特性分析及关键参数的交互效应研究。

借助 Fluent 流体模拟软件，通过多参考系滑移动网格（MRF）方法，对旋转控制阀旋转过程中内部流场的动态特性进行模拟分析，研究不同阀芯形状对应的通流形式对旋转控制阀内部流场分布特性的影响规律；基于最佳通流形式下的阀芯形状，分析旋转控制阀内部流场在不同进口压力和滑移速度下的输出压力、输出流量及液体流速的动态特性。根据分析结果，利用 DOE-RSM 实验设计方法、二次回归正交优化设计方法对阀芯油槽的开槽参数进行多因素交互效应分析，根据内部流场的响应特性对开槽参数进行最佳匹配。

（3）电液激振时效系统的动态特性研究。

基于液动力分析理论推导旋转控制阀的动力学方程，通过 MATLAB 数值模拟，分析阻尼系数、转动惯量、液动力矩刚度系数对旋转控制阀动态响应特性及稳定性的影响规律。通过建立旋转控制阀分段控制激振液压缸的数学方程，推导出阀控缸的状态函数，采用 MATLAB/Simulink 平台构建电液激振时效系统阀控缸环节的仿真模型，通过数值解析法研究旋转控制阀的油槽个数、阀体油口长度、阀芯半径、激振液压缸活塞的有效作用面积、液压缸活塞和负载的等效质量对阀控缸动态特性的影响规律。

（4）电液激振时效系统负载激振过程的振动特性研究。

基于功率键合图理论、管路分段集中建模理论，根据功率流变原则建立包含系统变量、负载特征、管路特征的电液激振时效系统负载激振过程的 AMESim 仿真模型，通过数值模拟获得了转速、主油泵排量、系统压力、负载特征、管路特征等变量条件下负载激振过程的振动特性曲线和加速度频谱，研究变量对负载激振过程振动特性的影响规律。

（5）旋转控制电液激振时效系统的实验研究。

根据理论研究的基本内容，试制了旋转控制阀和激振液压缸样机并搭建了旋转控制电液激振时效系统实验台，对不同工况下旋转控制阀的压力、流量进行测定，并设定了不同电机旋转速度、供油压力、管路特性等工况参数，对激振液压缸的激振位移、激振加速度进行实验测试，对相关仿真研究结果进行验证。

研究内容的主体框架及技术路线如图 1-10 所示。

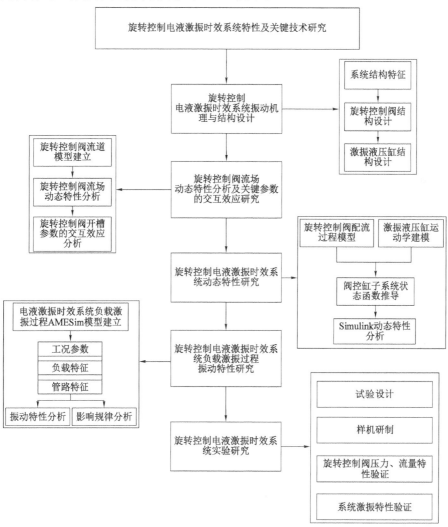

图 1-10　本书内容结构及技术路线

2 旋转控制电液激振时效系统振动机理及结构设计

传统的振动时效设备一般通过电机带动偏心轮产生激振或者利用伺服滑阀驱动液压缸产生激振[99]。无论是电机驱动还是滑阀驱动,激振频率的宽度均受到一定的限制,很难达到较高的水平,而且激振系统的可控性较差,激振效果并不理想。因此,本章以用于振动时效的高频激振设备为研究对象,提出一种基于旋转控制阀的电液激振时效系统,介绍其振动机理和主要组成结构,根据系统的基本组成对旋转控制阀进行结构设计,构建旋转控制阀通流过程的解析模型和液动力分析模型及激振液压缸负载特征的数学模型,对激振液压缸的复合密封进行结构设计,并对电液激振时效系统的数据采集和测控系统进行说明。

2.1 电液激振时效系统的振动机理

旋转控制电液激振时效系统的组成结构如图 2-1 所示,主要由电动机、联轴器、旋转控制阀、主油泵、激振液压缸、连接头、油箱及其他辅助仪表等组成。系统具有结构简单紧凑、功率密度大、动应力大和易自动化控制等优势。

旋转控制电液激振时效系统的主要功能是对机械构件等负载进行振动时效处理,其激振过程的振动机理可分为如图 2-2 所示两个阶段:激振液压缸活塞杆上升时的冲程阶段[图 2-2(a)]和激振液压缸活塞杆下降时的回程阶段[图 2-2(b)]。电液激振时效系统进行负载激振时,电动机以一定的转速通过联轴器带动旋转控制阀回转,同时,主油泵通过管路及旋转控制阀阀体上的进油口向阀体内部输入一定压力的工作油液,旋转控制阀阀芯所处的台肩两端交错均布多个油槽,旋转控制阀运动过程中,其中一侧的油槽将主油泵输入的高压油液通过高压管路输入至激振液压缸的下腔,使得下腔室的总压力高于上腔室内压力与负载重力的总和,从而推动激振液压缸活塞杆上升,同时由于旋转控制阀结构的特殊性,控制阀在供给激振液压缸高压油液的同时,另一侧的油槽将液压缸上腔的液压油通过低压管路返回油箱,这两个过程同时进行完成液压缸的冲程阶段;旋转控制阀在电动机的带动下持续旋转,使阀芯两侧的油槽位置发生变化,即冲程阶段的高压供油槽与低压回油槽调换,使得冲程阶段的回油变为现阶段的供油,冲程阶段的供油变为现阶段的回油,驱动激振液压缸活塞杆下降,完成回程阶段。电动机带动旋转控制阀持续旋转,上述两个工作阶段交替进行,使激振液压缸活塞杆持续振动。

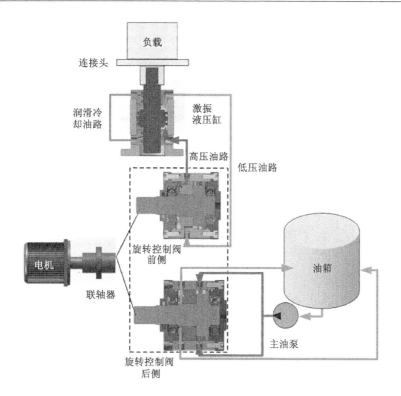

图 2-1 旋转控制电液激振时效系统的结构组成

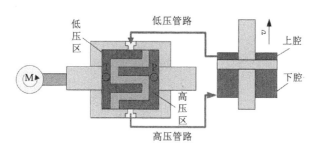

(a) 激振液压缸活塞杆冲程阶段

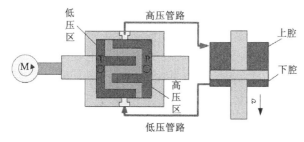

(b) 激振液压缸活塞杆回程阶段

图 2-2 电液激振时效系统的振动机理

2.2　旋转控制阀结构及数学模型

2.2.1　旋转控制阀结构组成

旋转控制阀是电液激振时效系统的关键部件,结构如图 2-3 所示。其主要由端盖、阀芯、旋转轴、阀体、格莱圈及轴承等组成。阀体材质为 HT300,旋转轴及阀芯材质为 40Cr,通过强化处理使其硬度值 50～60 HRC。阀芯与旋转轴端面内侧均布 8-M6 螺栓孔用于二者的连接和紧固;阀芯端面另一侧开有润滑槽,用于对推力轴承的润滑,阀芯和阀体通过磨配工艺处理,使二者间隙配合精度控制在千分之一毫米左右,既能保证控制阀旋转过程中的密封特性又能实现自润滑。阀体和前后两个端盖均布 16 个 φ12 螺栓孔,通过螺栓紧固前、后端盖和阀体;前、后端盖开有 O 形密封圈,每个端盖加工一个台肩,用于布置深沟球轴承。旋转轴在阀体内的部分开有两个密封浅槽,另一端开有键槽,通过套筒式联轴器与电动机直接连接。

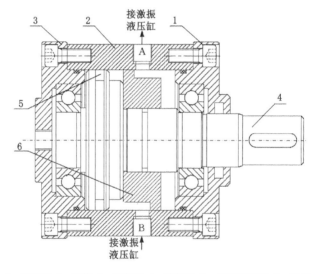

1—前端盖;2—阀体;3—后端盖;4—旋转轴;5—旋转格莱圈;6—阀芯。

图 2-3　旋转控制阀结构模型

控制阀的旋转轴、阀芯及阀体如图 2-4 所示。在阀体的两个方向上分别布置 6 个油口,其中一个平面内的 2 个油口通过管路与主油泵相连,使得激振液压缸冲程阶段高压油液向阀体的内部输入;另两个油口与油箱相连,使得激振液压缸回程阶段低压油通过阀体的内部返回油箱;在另一个平面内的两个油口(A、B)分别与激振液压缸的上腔和下腔连通。阀芯台肩的两端分别开有 N 个油槽,且两端的油槽交错排列,其中 N/2 个油槽位于外接主油泵油口的高压区,另外 N/2 个油槽位于外接油箱的低压区,电动机带动控制阀的旋转轴不断转动,驱动阀芯油槽交替与激振液压缸接通实现液压缸往复运动的激振过程。由于电动机直接驱动控制阀旋转,阀芯和旋转轴均为细长结构且通过螺栓直接固定,因此旋转控制阀的转动惯量不会太大;电机的转速与阀的转速是同步的,使得阀的速度很容易控制,旋转过程中,油液充满整个阀体,因此阀芯处于良好的润滑环境中,高压油液和低压油液交替流经阀体内部,在持续旋转过程中,旋转控制阀整体的温度并不会太高。

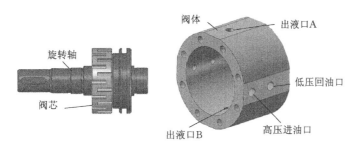

图 2-4　旋转轴、阀芯及阀体结构

2.2.2　旋转控制阀通流过程

由旋转控制阀的工作原理可知:阀芯通过油槽与阀体的交替通流实现激振过程,阀每转过一个油槽角度即完成一次供油和回油,实现液压缸的一次冲程和回程运动。两个配油过程在时间上是同步进行的,即在一侧供油的同时另一侧完成回油,但两个过程所处的油槽分别位于阀芯油槽两侧且被阀芯基体隔开,两个过程互不影响,因此在结构上是独立、等效的。旋转控制阀在供/回油时油槽和阀体通流面积的变化情况如图 2-5 所示。

由图 2-5(a)可知:当电机带动控制阀旋转使得阀芯上的供油槽与阀体通流口接通实现油液输出时,阀芯上的回油槽与在阀体另一侧的通流口同时接通,实现油液回流。由图 2-5(b)可知:供油槽和回油槽分别在阀芯的两个端面上交错排列,同侧相邻两个油槽的中心角度为 β,异侧相邻两个油槽的中心角度则为 $\beta/2$,每个油槽的中心角度则为 $\beta/4$,交错排列的两个油槽在控制阀旋转过程中交替形成通流面积 A_t,A_t 为油槽有效弧长 y_t 与阀体油口长度 x_t 的乘积。当油槽与阀体上的一个油口接通时,油液经通流面积向激振液压缸一腔输入,同时另一侧油液经通流面积流入控制阀回油区,最终流向油箱,此时激振液压缸处于冲程阶段;当控制阀阀芯转过 $\beta/4$ 时,则供油过程和回油过程对调,此时激振液压缸处于回程阶段。阀芯不断旋转,高压区的供油槽和低压区的回油槽交替与阀体上两个油口接通,如此反复使得阀芯油槽和阀体油口形成周期性变化通流面积,从而控制压力油液交替进出激振液压缸的两个活塞腔。

由图 2-5 可知:旋转控制阀工作时,阀芯上的油槽与阀体油口构成的通流面积周期变化使得压力油液以一定的相位差进出激振液压缸。因此,该系统的频率与控制阀的旋转速度、阀芯油槽和阀体油口通流次数有关,而阀体上的两个油口在控制阀旋转时是交替通流的,所以通流次数等于阀芯同侧油槽的数量,则电液激振时效系统的工作频率可由式(2-1)计算。

$$f = \frac{Zn}{60} \tag{2-1}$$

式中　Z——阀芯同侧油槽数量;

　　　n——旋转速度,r/min。

图 2-6 为通流面积的计算示意图。假设旋转控制阀在电动机的带动下以角速度 ω 旋转,控制阀对应的角位移为 $\theta(\theta=\omega t)$,阀芯上单个油槽的中心角为 $\alpha[\alpha=\pi/(2Z)]$,同侧相邻

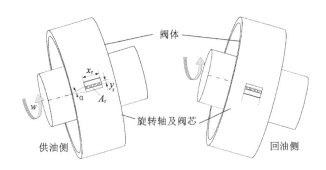

(a) 旋转控制阀通流等效模型

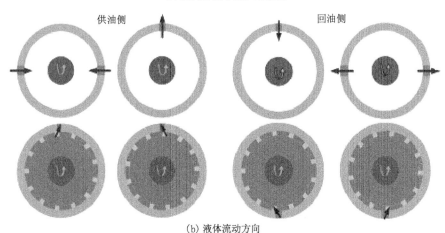

(b) 液体流动方向

图 2-5   旋转控制阀通流示意图

的两个油槽的中心角为 β，阀芯半径为 R。控制阀旋转时，角位移不断变化，则对应的通流面积所处的弧长 $y_r(y_r = R\theta)$ 也发生变化。由于阀芯油槽是对称交错排列的，且开口程度一致，因此同侧相邻的两个油槽中心角 β 等于阀芯上单个油槽的中心角 α 的 4 倍，即 $\beta = 4\alpha$。令控制阀旋转至阀口全部关闭的瞬时状态为零位，当阀芯旋转的角位移 θ 从 0 逐渐增大至 α 的过程中，控制阀通流面积处的弧长 y_r 逐渐增大，当 $\theta = \alpha$ 时达到最大值；当角位移 θ 从 α 增大到 2α 的过程中，控制阀通流面积处的弧长 y_r 逐渐减小，当 $\theta = 2\alpha$ 时达到最小值 0；当角位移 θ 从 2α 增大到 4α 的过程中，旋转控制阀的两个油口的功能互换。

随着阀芯的旋转，进油和回油交替进行，两个状态下的通流形式完全相同，在一个供油和回油阶段，设供油时通流面积处的弧长为 y_{r1}，回油时通流面积处的弧长为 y_{r2}，则两个阶段的通流面积对应的弧长可表示为分段函数形式。

$$y_{r1} = \begin{cases} R\theta & (0 < \theta \leqslant \alpha) \\ R(2\alpha - \theta) & (\alpha < \theta \leqslant 2\alpha) \\ 0 & (2\alpha < \theta \leqslant 3\alpha) \\ 0 & (3\alpha < \theta \leqslant 4\alpha) \end{cases} \tag{2-2}$$

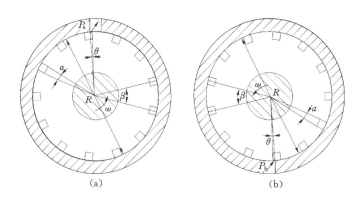

图 2-6　旋转控制阀的通流面积计算示意图

$$y_{r2} = \begin{cases} 0 & (0 < \theta \leqslant \alpha) \\ 0 & (\alpha < \theta \leqslant 2\alpha) \\ R\theta & (2\alpha < \theta \leqslant 3\alpha) \\ R(2\alpha - \theta) & (3\alpha < \theta \leqslant 4\alpha) \end{cases} \tag{2-3}$$

式中　y_{r1}——供油时通流面积处的弧长,m;

y_{r2}——回油时通流面积处的弧长,m;

R——阀芯半径,m;

θ——阀芯角位移,(°)。

结合图 2-5 可知阀体油口长度 x_r 为常值,在设计过程中即可确定,得到通流面积 A_r 为:

$$A_{r1} = \begin{cases} x_r R\theta & (0 < \theta \leqslant \alpha) \\ x_r R(2\alpha - \theta) & (\alpha < \theta \leqslant 2\alpha) \\ 0 & (2\alpha < \theta \leqslant 3\alpha) \\ 0 & (3\alpha < \theta \leqslant 4\alpha) \end{cases} \tag{2-4}$$

$$A_{r2} = \begin{cases} 0 & (0 < \theta \leqslant \alpha) \\ 0 & (\alpha < \theta \leqslant 2\alpha) \\ x_r R\theta & (2\alpha < \theta \leqslant 3\alpha) \\ x_r R(2\alpha - \theta) & (3\alpha < \theta \leqslant 4\alpha) \end{cases} \tag{2-5}$$

式中　x_r——阀体油口长度,m;

A_{r1}——供油阶段通流面积,m^2;

A_{r2}——回油阶段通流面积,m^2。

旋转控制阀交替配油过程的等效桥路如图 2-7 所示。输入旋转控制阀的压力源 P_s 为恒定值,阀体的回油口与油箱连接,回油压力 $P_o = 0$,控制阀供油、回油同时进行,且油槽匹配对称,因此供油时的通流面积 A_{r1} 与回油时的通流面积 A_{r2} 相等,根据前面的分析可知旋转控制阀交替通流实现激振液压缸的冲程/回程是等效、可逆的。因此,可根据其中一个阶段建立旋转控制阀的压力-流量方程。

建立旋转控制阀转动过程的压力-流量方程时,为简化阀的数学模型,忽略环境、材料等相关参数的影响,对初始条件作出如下假设:

（1）主油泵处于恒压供油状态；

（2）工作液压油为密度一定的理想的不可压缩液体；

（3）阀体内无泄漏，忽略管道内的压力损失；

（4）两个工作油口的流量系数相等；

（5）忽略油液弹性模量非线性变化和库仑摩擦阻力、液动力的影响。

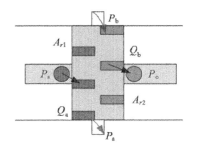

图 2-7　旋转控制阀等效桥路

根据伯努利方程可得出旋转控制阀两个工作油口的流量方程分别为：

$$Q_a = C_d A_{r1} \sqrt{\frac{2\Delta p}{\rho}} = C_d A_{r1} \sqrt{\frac{2(P_s - P_a)}{\rho}} \qquad (2\text{-}6)$$

$$Q_b = C_d A_{r2} \sqrt{\frac{2\Delta p}{\rho}} = C_d A_{r2} \sqrt{\frac{2(P_b - P_o)}{\rho}} \qquad (2\text{-}7)$$

式中　Q_a——阀体高压进油口的流量，L/min；

　　　Q_b——阀体低压回油口的流量，L/min；

　　　A_{r1}——阀体进油口的通流面积，m²；

　　　A_{r2}——阀体回油口的通流面积，m²；

　　　C_d——阀体油口的流量系数，无因次量；

　　　P_s——主油泵输出油液的压力，MPa；

　　　P_a——激振液压缸输入腔的压力，MPa；

　　　P_b——激振液压缸输出腔的压力，MPa；

　　　P_o——回油压力，MPa；

　　　ρ——工作油液的密度，kg/m³。

定义负载的压力、流量分别为 P_l、Q_l，回油流量 $P_o = 0$，根据连续性方程可得：

$$\begin{cases} Q_l = Q_a - Q_b \\ p_s = p_a + p_b \\ p_l = p_a - p_b \end{cases} \qquad (2\text{-}8)$$

则旋转控制阀的负载流量方程为：

$$Q_l = C_d A_{r1} \sqrt{\frac{2(P_s - P_a)}{\rho}} - C_d A_{r2} \sqrt{\frac{2P_b}{\rho}} \qquad (2\text{-}9)$$

旋转控制阀的工作稳定性可用其静态特性表示，即压力-流量特性。压力-流量用以评价稳态条件下旋转控制阀的负载流量、负载压力与阀芯转角之间的关系[100]。旋转控制阀的压力-流量可表示为 $Q_l = f(P_l, \theta)$。当负载压力 $P_l = 0$，上式为旋转控制阀空载状态的流量特性；当负载流量 $Q_l = 0$，上式为旋转控制阀空载状态的压力特性；当负载流量 Q_l 和负载压力 P_l 不为 0，阀芯转角 θ 一定时，负载流量 Q_l 和负载压力 P_l 之间存在一定的曲线关系，即旋转控制阀的压力-流量特性曲线。二者之间的这种关系可用于判别旋转控制阀是否满足负载要求。

根据旋转控制阀的结构原理和油口的流量方程，理想状态下的负载流量 $Q_l = (Q_a + Q_b)/2$，负载压力 $P_l = P_a - P_b$，输入压力 $P_s = P_a + P_b$。由于旋转控制阀在一个供/回油周期

内通流面积相等,即 $A_{r1} = |A_{r2}| = A_r$,但阀芯转角相差一个相位,因此负载流量 Q_l 为:

$$Q_l = C_d A_r \sqrt{\frac{1}{\rho}\left(P_s - \frac{\theta}{|\theta|}P_l\right)} \tag{2-10}$$

由式(2-9)可知:旋转控制阀的压力-流量特性关系是非线性的,因此可利用泰勒级数公式将其展开进行线性化处理,设旋转控制阀的压力-流量方程在特定工作点 c 处的数学表达式为 $Q_{lc} = f(P_{lc}, \theta_c)$,则其泰勒级数展开式为:

$$Q_l = Q_{lc} + \frac{\partial Q_l}{\partial \theta}\Big|_c \Delta\theta + \frac{\partial Q_l}{\partial P_l}\Big|_c \Delta P_l + \cdots \tag{2-11}$$

忽略泰勒级数展开项中的高阶无穷小项,在特定工作点 c 处,旋转控制阀线性化后的压力-流量表达式为:

$$Q_l - Q_{lc} = \Delta Q_l = \frac{\partial Q_l}{\partial \theta}\Big|_c \Delta\theta + \frac{\partial Q_l}{\partial P_l}\Big|_c \Delta P_l \tag{2-12}$$

将式(2-12)无因次化可得到旋转控制阀的压力-流量特性计算公式为:

$$\overline{Q}_l = \overline{A}_r \sqrt{1 - \frac{\theta}{|\theta|}\overline{P}_l} \tag{2-13}$$

式中　$\overline{Q}_l$ ——负载流量,$\overline{Q}_l = Q_l/Q_{max}$,$Q_{max} = C_d A_r(\alpha)\sqrt{P_s/\rho}$,表示空载最大流量,无因次;

　　　　$\overline{A}_r$ ——阀开口一定时的通流面积,$\overline{A}_r = A_r(\theta)/A_r(\alpha)$,$A_r(\alpha)$ 为最大通流面积;

　　　　$\overline{P}_l$ ——负载压力,$\overline{P}_l = P_l/P_s$,无因次。

根据式(2-13)可近似得出旋转控制阀无因次的压力-流量线性化特性关系,如图 2-8 所示。由图 2-8 可知:旋转控制阀的压力-流量特性在一个旋转周期内是对称的。

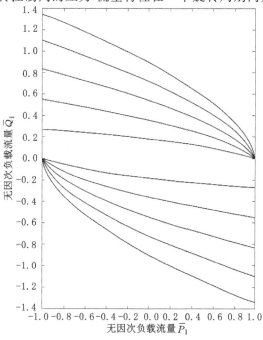

图 2-8　旋转控制阀的压力-流量特性曲线

定义旋转控制阀的压力增益系数为 K_p，压力-流量系数为 K_c，流量增益系数为 K_q，那么根据式(2-10)至式(2-13)，K_q、K_p、K_c 可表示为：

$$\begin{cases} K_q = \dfrac{\partial Q_1}{\partial \theta} \\[2mm] K_p = \dfrac{\partial P_1}{\partial \theta} \\[2mm] K_c = -\dfrac{G_Q}{G_P} = -\dfrac{\partial Q_1}{\partial P_1} \end{cases} \tag{2-14}$$

因为 $\dfrac{\partial P_1}{\partial \theta} = -\dfrac{\partial Q_1 / \partial \theta}{\partial Q_1 / \partial P_1}$，则三者之间的关系式为：

$$K_P = \frac{K_q}{K_c} \tag{2-15}$$

根据旋转控制阀上述 3 个增益系数的定义和计算公式，同时考虑旋转控制阀供油、回油过程阀口的对称性，在一个周期内控制阀旋转的过程中，阀口液体流动规律相同，且呈周期性变化，对式(2-10)求导可得到理想状态下 3 个系数的基本公式。

流量增益系数：

$$K_q = \frac{\partial Q_1}{\partial \theta} = C_d \sqrt{\frac{1}{\rho}(P_s - P_1)} \frac{dA_r}{d\theta} \tag{2-16}$$

压力增益系数：

$$K_p = \frac{\partial P_1}{\partial \theta} = \frac{2(P_s - P_1)}{A_r} \frac{dA_r}{d\theta} \tag{2-17}$$

压力-流量增益系数：

$$K_c = \frac{\partial Q_1}{\partial P_1} = C_d A_r \sqrt{\frac{1}{\rho}(P_s - P_1)} / 2(P_s - P_1) \tag{2-18}$$

根据式(2-16)至式(2-18)可以得出旋转控制阀零阀位(开口量为 0)时的 3 个系数为：

$$\begin{cases} K_q = C_d \dfrac{dA_r}{d\theta}\Big|_{\theta=0} \cdot \sqrt{P_s} \\[2mm] K_p = \infty \\[1mm] K_c = 0 \end{cases} \tag{2-19}$$

由式(2-19)可知：在理想状态下旋转控制阀零阀位的流量增益与主油泵输出油液的压力 P_s 和阀芯角位移对应的面积变化梯度 $dA_r/d\theta$ 有关。当主油泵输出压力一定时，阀芯的面积梯度直接影响旋转控制阀的流量系数，而旋转控制阀的面积梯度受到阀体油口长度、阀芯油槽宽度、阀芯半径以及阀芯上油槽数量的影响。

旋转控制阀的 3 个重要特性系数中，K_q 表征负载压力 P_1 一定时负载流量 Q_1 随旋转控制阀角位移 θ 的变化程度，K_q 越大说明旋转控制阀对其流量的控制程度越好；K_P 表征旋转控制阀的压力灵敏程度，是指负载流量 $Q_1 = 0$ 时，负载压力 P_1 随旋转控制阀角位移 θ 的变化程度，K_P 越大说明旋转控制阀对其压力的控制程度越高。由于旋转控制阀的 $\partial Q_1 / \partial P_1$ 为负数，因此可对 K_c 进行负变换处理使其为正值。由式(2-18)可知：K_c 为流量增益与压力灵敏度的比值，表征旋转控制阀角位移 θ 一定时单位负载压力变化对负载流量的影响，K_c 体现了旋转控制阀对负载波动的抗性，K_c 越小，旋转控制阀刚度越大，抗负载波动能力越强。因此可得到阀的线性化流量方程：

$$\Delta Q_{\mathrm{l}} = K_{\mathrm{q}} \Delta \theta - K_{\mathrm{c}} \Delta P_{\mathrm{l}} \tag{2-20}$$

2.2.3 旋转控制阀的液动力特性

根据旋转控制阀的设计结构和配流原理可对旋转控制阀受力的情况进行分析。由旋转控制阀的配油功能可知:其在电液激振时效系统中的作用可与四通滑阀等价[101]。工作时,其中一侧的油槽处于供油阶段,同时另外一侧的油槽处于回油阶段,因此阀体油口的通流关系存在两个机能位置:$P{\rightarrow}A$,$B{\rightarrow}T$。根据图 2-5 中液体在旋转控制阀中流动方向可知:工作液体在阀内流动时其运动方向垂直于阀芯直径,在油口的运动方向呈一定角度,即射流角。由于旋转控制阀的结构对称性和工作时的同步性,供油阶段油液对阀芯的作用力与回油阶段油液对阀芯的作用力大小相等、方向相反,因此在垂直于阀芯半径的方向上,液体对控制阀阀芯的径向力可相互抵消[102]。在旋转控制阀的轴线方向上,阀体一端与旋转轴连接,另一端由推力轴承限位,因此阀芯所受的液体作用力由前后两个端盖上的深沟球轴承进行平衡。主油泵输出的油液经管路输入旋转控制阀,流经油槽时油液的流动状态(包括流速大小和流动方向)会发生变化,因此会对旋转控制阀产生一定的反作用力,即周向液动力。周向液动力可分为正比于旋转控制阀开口度的稳态液动力和正比于旋转控制阀转速的瞬态液动力两种形式。综上分析可知:旋转控制阀阀芯在圆周方向上受到液体流过油口时产生的两种液动力的作用[103]。根据旋转控制阀一个工作周期内的两个机能位置,可分别建立两种液动力的解析模型[104]。

（1）$P{\rightarrow}A$ 过程稳态液动力

在旋转控制阀阀芯运动过程中,当阀芯油槽的开口量一定时,流过油口的液体对阀芯的作用力为稳态液动力。旋转控制阀不断旋转,带动油液通过阀内流道经过油口 A 流出,整个过程可分为阀芯油槽处于阀体右侧、阀芯油槽与阀体油口完全重合、阀芯油槽处于阀体油口左侧三个主要阶段,如图 2-9 所示。

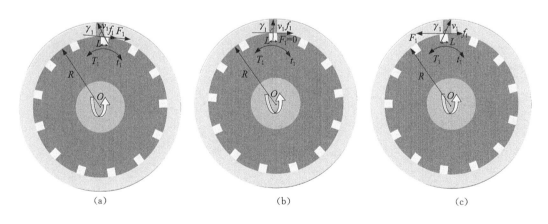

图 2-9　$P{\rightarrow}A$ 过程液动力分析模型

当阀芯随着电机的驱动以逆时针方向不断转动时,假设阀芯位于阀体油口右侧为初始位置,此时出液口 A 处的射流角变化区间为 0~90°,液动力方向与旋转方向相反,其值为负值;当阀芯油槽旋转到与阀体出液口重合的位置时,射流角约为 90°,液动力垂直于半径方向,其值为 0;当阀芯油槽旋转到阀体出液口左侧的位置时,射流角为 $90°\sim180°$,液动力方向与旋转方向相同,其值为正。由此可见:负值的液动力是阀芯转动的阻力,正值的液动力是阀芯转动的动力。阀芯油槽处于阀体油口两侧时,液体流动方向与阀芯直径方向存在一定角度,因此可根据动量定律求解旋转控制阀阀芯所受的稳态液动力:

$$F_1 = -\rho Q_a v_1 \cos \gamma_1 \tag{2-21}$$

式中　v_1——旋转控制阀通过高压出油口 A 的液体流速,$v_1 = C_v \sqrt{\dfrac{2}{\rho}\Delta p_1}$,m/s;

　　　γ_1——旋转控制阀通过高压出油口 A 的液体射流角,(°);

　　　C_v——旋转控制阀油口的液体流速系数;

　　　Δp_1——旋转控制阀 P→A 过程油口压降,MPa。

对于阀芯半径为 R 的旋转控制阀,稳态液动力作用下的力矩为:

$$T_1 = F_1 R = -R\rho Q_1 v_1 \cos \gamma_1 \tag{2-22}$$

(2) P→A 过程瞬态液动力

旋转控制阀阀芯转动过程中,阀芯油槽与阀体油口的连通程度随着时间不断变化,从而致使其内部液体的流速不断变化,液体流速因动量变化产生并作用于阀芯的外力为瞬态液动力。对于阀芯油槽宽度一定的旋转控制阀,在旋转过程中,所受到的瞬态液动力可表示为:

$$f_1 = \frac{\mathrm{d}(m_1 v_1)}{\mathrm{d}t} \tag{2-23}$$

式中　m_1——阀芯有效工作油槽内油液的质量,kg。

若工作油液为理想的不可压缩液体,则阀芯工作油槽内液体的质量可视为恒定常数,则式(2-23)可表示为:

$$f_1 = m_1 \frac{\mathrm{d}v_1}{\mathrm{d}t} = \rho L A_r \frac{\mathrm{d}v_1}{\mathrm{d}t} = \rho L \frac{\mathrm{d}Q}{\mathrm{d}t} \tag{2-24}$$

式中　L——旋转控制阀油槽宽度,m。

对式(2-24)求导并代入式(2-23),忽略阀内液体流动过程中压力变化的细微影响,则此过程瞬态液动力可表示为:

$$f_1 = C_d WL \sqrt{2\rho\Delta p_1}\, \frac{\mathrm{d}\theta}{\mathrm{d}t} \tag{2-25}$$

对于阀芯半径为 R 的旋转控制阀,瞬态液动力作用下的力矩为:

$$t_1 = f_1 R = RC_d WL \sqrt{2\rho\Delta p_1}\, \frac{\mathrm{d}\theta}{\mathrm{d}t} = B_{f1} \frac{\mathrm{d}\theta}{\mathrm{d}t} \tag{2-26}$$

式中　W——旋转控制阀通流面积的变化梯度;

　　　B_{f1}——旋转控制阀 P→A 过程瞬态液动力的阻尼系数。

由图 2-9 可知:在供液的 P→A 过程中,当控制阀不断转动时,阀芯所受到的瞬态液动力矩的方向始终与转动的方向相反,则瞬态液动力在此阶段是阀芯转动的阻力,且随着旋转控制阀的运动呈现先增大后减小的规律变化。

(3) B→T 过程稳态液动力

根据旋转控制阀的结构、原理并结合图 2-5 可知:旋转控制阀在 B→T 过程中所受到稳态液体作用力的情况与 P→A 过程相同。参照图 2-9 可建立 B→T 过程稳态液动力示意模型,如图 2-10 所示。

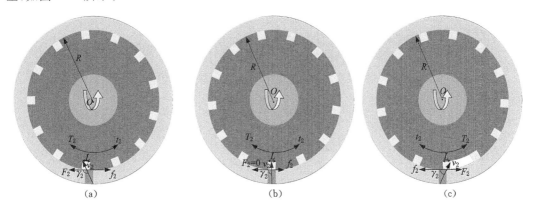

图 2-10　B→T 过程液动力分析模型

当阀芯油槽与阀体油口完全重合时,液体流动方向几乎垂直于阀芯半径方向,而当油槽运动至阀体油口的两侧时,液体的流动方向与阀芯的半径方向均存在一定夹角,则 B→T 过程中稳态液动力可表示为:

$$F_2 = \rho Q_b v_2 \cos \gamma_2 \tag{2-27}$$

式中　v_2——旋转控制阀通过低压出油口 B 的液体流速 $v_2 = C_v \sqrt{\dfrac{2}{\rho} \Delta p_2}$, m/s;

　　　γ_2——旋转控制阀通过低压出油口 B 的液体射流角,(°);

　　　Δp_2——旋转控制阀在 B→T 过程中油口处的压降,MPa。

旋转控制阀 B→T 过程在稳态液动力作用下的力矩为:

$$T_2 = F_2 R = R \rho Q_b v_2 \cos \gamma_2 \tag{2-28}$$

在阀芯随着电机驱动不断转动的 B→T 过程,阀芯油槽和阀体油口的位置关系与 P→A 过程相反,假设阀芯位于阀体油口左侧为初始位置,此时出液口 B 处的射流角变化区间为 0~90°,液动力方向与旋转方向相同,其值为正值;当阀芯油槽旋转到与阀体出液口重合的位置时,射流角约为 90°,液动力垂直于半径方向,其值为 0;当阀芯油槽旋转到阀体出液口右侧位置时,射流角为 90°~180°,液动力方向与旋转方向相反,其值为负值。由此可见:正值的液动力是阀芯转动的动力,负值的液动力是阀芯运动的阻力。

(4) B→T 过程瞬态液动力

与 P→A 过程类似,由图 2-10 可知:在配油过程中旋转控制阀的角位移在一个有效工作周期内逐渐增大,而旋转方向始终与瞬态液动力反向。因此可得到该过程的瞬态液动力为:

$$f_2 = -C_d WL \sqrt{2\rho \Delta p_2} \, \frac{\mathrm{d}\theta}{\mathrm{d}t} \tag{2-29}$$

力矩为:

$$t_2 = -R C_d WL \sqrt{2\rho \Delta p_2} \, \frac{\mathrm{d}\theta}{\mathrm{d}t} = B_{f_2} \frac{\mathrm{d}\theta}{\mathrm{d}t} \tag{2-30}$$

式中　B_{f_2}——旋转控制阀 B→T 过程瞬态液动力的阻尼系数。

由旋转控制阀的结构可知:当 P→A 过程的稳态液动力视为阀芯转动的阻力时,B→T

过程的稳态液动力则为阀芯转动的动力;当 P→A 过程的稳态液动力为阀芯转动的动力时,B→T 过程的稳态液动力则为阀芯转动的阻力,将供液过程和回液过程合并,可得到阀芯角位移在一个工作周期内的稳态液动力为:

$$F = F_2 - F_1 = \rho Q_b v_2 \cos \gamma_2 - \rho Q_a v_1 \cos \gamma_1 \tag{2-31}$$

将阀口处的流速-压降表达式代入式(2-20),则旋转控制阀稳态液动力与液体流量和压降的关系式为:

$$F = \rho Q_b C_v \sqrt{\frac{2}{\rho} \Delta p_2} \cos \gamma_2 - \rho Q_a C_v \sqrt{\frac{2}{\rho} \Delta p_1} \cos \gamma_1 \tag{2-32}$$

力矩为:

$$T = FR = \rho Q_b C_v R \sqrt{\frac{2}{\rho} \Delta p_2} \cos \gamma_2 - \rho Q_a C_v R \sqrt{\frac{2}{\rho} \Delta p_1} \cos \gamma_1 \tag{2-33}$$

参照推导稳态液动力的流程,在液体流动的两个过程中所受到的瞬态液动力方向是互逆的,其大小与两个油口处的压降有关,因此旋转控制阀的瞬态液动力可表示为:

$$f = f_1 - f_2 = C_d W L \sqrt{2\rho \Delta p_1} \frac{\mathrm{d}\theta}{\mathrm{d}t} - C_d W L \sqrt{2\rho \Delta p_2} \frac{\mathrm{d}\theta}{\mathrm{d}t} \tag{2-34}$$

力矩为:

$$t = fR = C_d W L R (\sqrt{2\rho \Delta p_1} - \sqrt{2\rho \Delta p_2}) \frac{\mathrm{d}\theta}{\mathrm{d}t} \tag{2-35}$$

对于旋转控制阀来说,两个过程中液体在阀芯油槽中的流程长度相等,因此瞬态液动力的值几乎很小,所以不能作为旋转控制阀的阻尼作用来源[105]。

2.3 激振液压缸结构及数学模型

2.3.1 激振液压缸结构组成

激振液压缸是整个电液激振时效系统的执行和输出元件,通过旋转控制阀交替向激振液压缸输入一定压力的液体,往复推动液压缸的活塞杆运动。为了使激振力平衡和振动波形对称,激振液压缸活塞杆设计为双作用式,其结构如图 2-11 所示。激振液压缸的主要零件有:缸筒、端盖、连接法兰、双出杆活塞及密封件等。激振液压缸每个端盖上分别开设 2 个油口,其中一个油口与激振液压缸接通并通过管路与旋转控制阀相连(右图右侧实线箭头代表高压油从旋转控制阀流入,右侧虚线箭头代表低压油从激振缸流出),实现压力油液交替进出激振液压缸活塞腔;另一个油口通过开设细长油孔与活塞杆连接,当油液进入活塞腔时通过细长孔对活塞杆进行润滑和冷却(右图左侧实线箭头)。激振液压缸稳定振动时的行程在 1 mm 范围内,由于液压缸行程相对较小,可通过在前、后端盖的两个正交方向上开设细长通油孔实现油液进出。当旋转控制阀通过端盖上的进油口向液压缸的下活塞腔输入高压液体时,活塞端面在高压液体的作用下伸出,同时另一腔的油液在活塞的推动下通过端盖的回油口经旋转控制阀流回油箱,两个过程同时进行以完成液压缸的冲程动作;旋转控制阀持续旋转,阀体的两个油口交替输入高压液体,回流低压液体,完成激振液压缸的回程动作。

2.3.2 激振液压缸的复合密封结构

激振液压缸在输出激振特征的过程中,只有在密封性相对较好的情况下,激振液压缸才

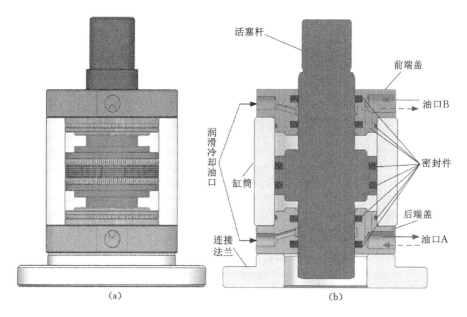

图 2-11 激振液压缸结构示意图

能正常进行时效性振动。激振液压缸的关键密封环节为:前、后端盖和活塞杆处的间隙密封以及活塞外壁与缸筒内壁的密封,这三处密封环节的配合形式均属于间隙配合[106]。活塞杆与缸筒和端盖存在相对运动,由于前后端盖开设润滑冷却油孔,并在端盖前后两个面开设密封槽,所以端盖处的液体动压不会太高,可采用常规的密封元件进行密封。当活塞杆往复运动时,由于活塞和液压缸之间存在间隙,其间隙密封的两个接触面为活塞外壁面和缸筒内壁面,间隙厚度为 20 μm 左右。往复运动时,两腔内动压变化较大,因此常规的元件密封不足以保证液压缸的密封性能,从而导致激振液压缸内部存在泄漏问题,若在活塞上开设多个密封槽,则会使得活塞与缸筒之间的摩擦阻力增大,影响活塞杆的运动性能,降低激振液压缸的响应频率,造成激振效果不理想。因此,可采用变间隙密封及元件密封的复合密封技术对活塞外壁面和缸筒内壁之间的摩擦运动副接触面进行密封。

激振液压缸的活塞为唇边型活塞[107],其密封结构如图 2-12 所示。两侧唇边开设密封槽,密封槽内装配密封格莱圈,唇边活塞外表面均布 6 道均压油槽和 13 道泄压油槽。均压油槽分布于活塞的圆周上,泄压油槽沿活塞轴线方向均布,且泄压油槽成型方式为从第一道均压油槽的内壁贯穿至第五道均压油槽的外壁,使得泄压油槽与均压油槽连通,保证活塞运动时均压油槽内压力相等,防止单个油槽内的压力过高而使油槽出现局部变形,增大壁面局部摩擦。同时,由于泄压油槽的存在,可在一定程度上避免均压油槽内因压力过大而产生的气蚀和空化等影响液压缸活塞杆快速、稳定运动问题,同时可增加活塞外壁和液压缸内壁的润滑和动压密封,并减小摩擦阻力。

唇边型活塞复合密封减少内部泄漏、提升密封性能的原理可描述为:靠近唇边的一段活塞开设密封槽,通过与活塞等径的格莱圈初步对活塞运动时产生的动压油液进行密封;通过活塞均布的均压油槽和泄压油槽实现唇边活塞的变间隙密封,利用唇边型活塞两侧唇边因动压作用出现的弹性变形,减少活塞、缸筒运动副之间的微小间隙,达到控制泄漏的效果。当动压消失或下降至活塞材料产生弹性变形的额定应力时,产生的弹性变形量消失,活塞唇

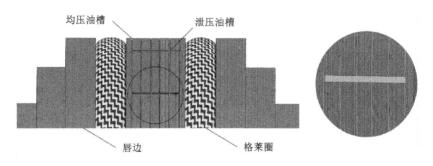

图 2-12　唇边型活塞的复合密封结构示意图

边恢复原状[108]。激振液压缸在一个振动周期内,下腔首先接入由旋转控制阀输出的高压油液,由于下腔油液压力远高于活塞质量、负载激振质量以及上腔压力的总和,从而推动活塞向上运动,此时活塞唇边的密封格莱圈对运动状态下的两腔进行初步密封,但是在运动状态下,下腔压力始终高于上腔压力,格莱圈随活塞一起运动时,很难保证动压条件下的密封性,因此,部分高压油液会流入活塞唇边和缸筒之间的内壁,形成微小的节流间隙,而激振液压缸上下两腔压力差往往很大,因此高压油液在两腔压差以及微小节流间隙剪切流动的作用下,具有向低压腔流动的趋势,使得高压腔的唇边上壁面所受压力沿轴向方向梯度递减分布,而唇边的下壁面受到持续高压液体的作用。唇边在上、下表面压力差的作用下出现弹性变形,且变形的方向始终朝向缸筒的外侧,直至产生变形的弹力和上下表面压力差达到平衡,此时,活塞与缸筒的配合间隙最小,产生的内部泄漏最少,而活塞上均布多道均压油槽和泄压油槽,使得泄漏的液体均布在这些油槽内,对活塞外壁和缸筒内壁的相对运动起润滑作用。

由激振液压缸的唇边型活塞密封原理可知:活塞唇边的弹性变形是实现变间隙密封的关键,因此对活塞杆和缸筒的选材有严格的要求。激振液压缸的缸筒材料为强度、耐磨性及淬透性等综合力学特性较佳的 45Cr 合金结构钢,硬度为 HRC219~252,活塞杆材料取耐磨性、弹性变形能力较好的铸造合金 ZCuSn5PbZn5,硬度为 HB600~710[109]。

2.3.3　激振液压缸的数学模型

根据激振液压缸的结构和功能,由于激振液压缸的绝对对称性,使得液压缸在轴线的两个方向上的输出特性相同。激振液压缸通过管路直接与旋转控制阀相连接,因此激振液压缸的液压回路可等效为图 2-13 中的形式。

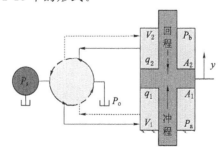

图 2-13　激振液压缸等效回路

旋转控制阀工作时,供油时高压油液通过高压管路(图中下侧实线)流入激振液压缸活塞上腔,推动活塞杆上升做冲程运动。同时,激振液压缸下腔通过低压管路(图中上侧实线)与油箱连接使活塞腔内的低压油液流回油箱;当旋转控制阀油槽位置随着电动机的旋转发生变化,前一阶段的低压油路变为当前状态的高压油路(上侧虚线),前一阶段的高压油路变为当前状态的低压油路(下侧虚线),使得液压缸上腔充满高压油液,推动液压缸活塞杆下降做回程运动,同时激振液压缸的下腔室通过控制阀与油箱连接,实现油液的回流。利用伯努利方程对激振液压缸进行数学建模时,为简化过程,可对非线性等不可控因素进行理想化处理[110],并做出如下假设:

(1) 系统工作压力稳定,回油压力为 0。

(2) 液压油在两个油口处的流动状态相同且稳定。

(3) 忽略激振液压缸活塞杆在运动时的摩擦、压力的损耗及流体质量、弹性模量、温度的变化。

(4) 激振液压两个工作腔室内各处压力相等。

根据以上假设,激振液压缸的进口流量为:

$$q_1 = A_1 \frac{\mathrm{d}y}{\mathrm{d}t} + \frac{V_1}{\beta_e} \frac{\mathrm{d}P_a}{\mathrm{d}t} + C_{ic}(P_a - P_b) + C_{ec}P_a \tag{2-36}$$

激振液压缸的出口流量为:

$$q_2 = A_2 \frac{\mathrm{d}y}{\mathrm{d}t} - \frac{V_2}{\beta_e} \frac{\mathrm{d}P_b}{\mathrm{d}t} + C_{ic}(P_a - P_b) - C_{ec}P_b \tag{2-37}$$

式中　q_1——激振液压缸的进口流量,L/min;

$\quad\quad q_2$——激振液压缸的出口流量,L/min;

$\quad\quad A_1$——进液腔活塞的有效作用面积,m²;

$\quad\quad A_2$——出液腔活塞的有效作用面积,m²;

$\quad\quad y$——活塞的位移,m;

$\quad\quad V_1$——进液腔的体积,m³;

$\quad\quad V_2$——出液腔的体积,m³;

$\quad\quad \beta_e$——液压油的体积弹性模量,无因次量;

$\quad\quad C_{ic}$——激振液压缸内部的泄漏系数,无因次量;

$\quad\quad C_{ec}$——激振液压缸外部的泄漏系数,无因次量。

激振液压缸两个腔室的体积分别为:

$$V_1 = V_{01} + A_1 y$$
$$V_2 = V_{02} - A_2 y$$
$$V_{01} = V_{02} = V_0 = V_t/2 \tag{2-38}$$

式中　V_{01}——进液腔的初始体积,m³;

$\quad\quad V_{02}$——出液腔的初始体积,m³;

$\quad\quad V_0$——活塞中位时的工作体积,m³;

$\quad\quad V_t$——总压缩体积,m³。

根据式(2-36)至式(2-38),设激振液压缸的负载流量为 q_L,由激振液压缸活塞杆结构可知两个腔室内活塞的有效作用面积相等,即 $A_1 = A_2 = A_p$,则激振液压缸的流量连续性方程为：

$$q_L = \frac{q_1 + q_2}{2} = A_p \frac{dy}{dt} + \frac{1}{2\beta_e}\left(V_{01}\frac{dP_a}{dt} - V_{02}\frac{dP_b}{dt}\right) +$$

$$\frac{A y}{2\beta_e}\left(\frac{dP_a}{dt} + \frac{dP_b}{dt}\right) + C_{ic}(P_a - P_b) + C_{ec}(P_a - P_b) \qquad (2\text{-}39)$$

令液压缸的负载压力为 P_L，则：

$$P_L = P_a - P_b \qquad (2\text{-}40)$$

假设活塞杆的初始位置处于液压缸的中间，则液压缸进液腔和出液腔的体积相等，即 $V_1 = V_2$，由于两个腔室的变化情况互逆，则进液腔和出液腔流量方程中的流量压缩项相等，即

$$\frac{V_1}{\beta_e}\frac{dP_a}{dt} = -\frac{V_2}{\beta_e}\frac{dP_b}{dt} \qquad (2\text{-}41)$$

激振液压缸在实际工作时，由于其密封形式为复合密封型，密封性相对较高，因此流量外部泄漏的部分十分小，可忽略不计[111-112]。根据式(2-38)，活塞杆移动时产生的体积变化 $A_1 y$ 远小于初始的体积 $V_1(A_1 y \ll V_1)$。设激振液压缸的总泄漏系数为 $C_{tc}(C_{tc} = C_{ic} + C_{ec}/2)$，由于旋转控制阀的供、回油是交替且对称的，则有[113]：

$$\begin{cases} P_s = P_a + P_b \\ P_a = \dfrac{P_s + P_L}{2} \\ P_b = \dfrac{P_s - P_L}{2} \end{cases} \qquad (2\text{-}42)$$

根据式(2-39)至式(2-42)，将流量方程中的积分项合并，则有：

$$\frac{dP_a}{dt} = \frac{dP_L}{2dt} = -\frac{dP_b}{dt}$$

$$\frac{dP_a}{dt} + \frac{dP_b}{dt} \approx 0 \qquad (2\text{-}43)$$

将式(2-43)代入式(2-39)，将式(2-39)简化为：

$$q_L = A_p \frac{dy}{dt} + \frac{V_t}{4\beta_e}\frac{dP_L}{dt} + C_{tc}P_L \qquad (2\text{-}44)$$

在复合密封结构情况下，激振液压缸内部泄漏可以忽略，则式(2-44)可以简化为：

$$q_L = A_p \frac{dy}{dt} + \frac{V_t}{4\beta_e}\frac{dP_L}{dt} \qquad (2\text{-}45)$$

在建立激振液压缸负载力平衡方程之前，首先对激振液压缸的负载特征进行定义[114]。激振液压缸负载力学模型如图 2-14 所示。负载特征可分为惯性负载(m)、仅存在阻尼作用的惯性负载($B_P + m$)、仅存在弹性作用的惯性负载($K + m$)、弹性、阻尼共同作用的惯性负载 $(K + B_P + m)$[115]。

图 2-14 中，m 为惯性负载的等效质量；K 为弹性负载的等效弹性刚度；B_P 为阻性负载的黏性等效阻尼系数；F_L 为负载上的额外作用力[116]。

忽略活塞在运动过程中的库仑摩擦作用及其他非线性因素，根据牛顿第二定律可得到激振液压缸及惯性负载在无弹性和阻尼作用时的力平衡方程：

$$A_{\mathrm{p}}P_{\mathrm{L}} = m\frac{\mathrm{d}^2 y}{\mathrm{d}t^2} + F_{\mathrm{L}} \qquad (2\text{-}46)$$

考虑阻尼作用时,式(2-46)可改写为:

$$A_{\mathrm{p}}P_{\mathrm{L}} = m\frac{\mathrm{d}^2 y}{\mathrm{d}t^2} + F_{\mathrm{L}} + B_{\mathrm{P}}\frac{\mathrm{d}y}{\mathrm{d}t} \qquad (2\text{-}47)$$

考虑弹性作用时,式(2-47)可改写为:

$$A_{\mathrm{p}}P_{\mathrm{L}} = m\frac{\mathrm{d}^2 y}{\mathrm{d}t^2} + F_{\mathrm{L}} + Ky \qquad (2\text{-}48)$$

同时考虑阻尼作用和弹性作用时,式(2-48)可改写为:

$$A_{\mathrm{p}}P_{\mathrm{L}} = m\frac{\mathrm{d}^2 y}{\mathrm{d}t^2} + F_{\mathrm{L}} + B_{\mathrm{P}}\frac{\mathrm{d}y}{\mathrm{d}t} + Ky \qquad (2\text{-}49)$$

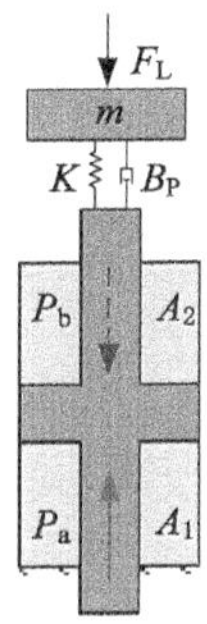

图 2-14 激振液压缸
负载力学模型

式中　m——活塞杆与负载总的等效质量,kg;

　　　F_{L}——负载上的额外作用力,N;

　　　B_{P}——活塞上的黏性等效阻尼系数,N/(m/s);

　　　K——弹性负载的等效刚度,N/m。

由于激振液压缸属于双活塞杆式双作用液压缸,上下两腔内液体的总压力在一个振动周期内相同,因此作用在活塞上的力及活塞杆的伸出速度相等[117],则激振液压缸活塞杆的速度可表示为:

$$v = \frac{4q_{\mathrm{L}}\eta_{\mathrm{v}}}{\pi(D^2 - d^2)} \qquad (2\text{-}50)$$

式中　v——活塞杆运动速度,m/s;

　　　η_{v}——液压缸的容积效率,无因次量;

　　　D——活塞直径,m;

　　　d——活塞杆径,m。

2.4　旋转控制电液激振时效系统的测控与数据采集

本书研究的电液激振时效系统是针对机械基础构件进行时效处理而设计的,因此整个系统需要输出一定的位移和加速度,以实现对负载构件激振过程的实时监测、控制及数据采集,并在必要时能够进行自动化控制等。为了使电液激振时效系统能够具有上述功能,整个系统的测控环节可通过上位机和下位机联合控制,上位机控制通过高配置计算机辅以MATLAB 控制程序实现,下位机利用 PLC 完成。通过 MATLAB 对控制卡进行程序输入,以实现对下位机 PLC 控制。数据采集环节包括激振液压缸活塞杆及负载的激振力、激振速度、激振位移、激振加速度等振动参数,以及旋转控制阀的压力、流量等液体流动。数据采集时通过 Labview Measurement & Automation 配套采集卡及 DAQ 助手实现数据的快速、连续采集。电液激振时效系统的测控及数据采集流程如图 2-15 所示。

由图 2-15 可知:电液激振时效系统的输入信号为电动机转速。电动机转速根据激振的负载质量进行初步设定。电动机的输入转速通过联轴器直接输入给旋转控制阀,通过旋转控制阀的特殊结构输出一定的液体压力、流量信号,旋转控制阀输出的压力液体通过管路推动激振液压缸进行运动,激振液压缸通过惯性负载、弹性、阻尼等环节带动负载进行激振,最

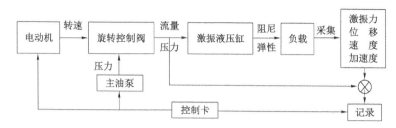

图 2-15 电液激振时效系统测控、数采流程

终输出激振力、激振位移、激振速度及激振加速度等特征信号,通过安装在负载处的数字传感器对信号进行采集和传输。此外,采集到的振动特征信号还可以通过控制卡反馈至系统主油泵和电动机这两个输入环节,通过比较模块调整主油泵的输出油压与电机的输出转速,实现对振动特征信号的调整,直至输出的振动特征信号符合期望值。由于采集到的信号、控制信号及输入信号均可以数据的形式进行传输,因此该电液激振时效系统便于与计算机自动化控制相结合。

由上述分析可知:电液激振时效系统应该能够实现对主油泵、电动机、旋转控制阀、激振液压缸、系统回路中的蓄能器组和控制阀组等环节进行独立调节和联合控制,整个系统的控制点数量多。电液激振时效系统在进行负载激振的过程中,需要经历启动、稳定和制动等情况且振动时效是一个持续的过程,因此电液激振时效系统需要实现高频率、大出力进行负载激振,激振速度较快,产生的动能较大,需要传感器件及采集元件能同时进行并完成连续、高速的采集任务。根据以上特点,设计旋转控制电液激振时效系统的测控与数据采集时需要考虑以下要点:

(1)电液激振时效系统的控制方式包括人工调节和自动控制两种。手动调节通过集成式控制台实现,主要用于整机系统的调试和预热,便于相关人员在实验前对系统的工况进行初步设定以及设备首次运行的初始化操作;自动控制由上位计算机实现,通过 MATLAB 编制的函数程序对下位机 PLC 进行自动控制,在实验过程中根据实际需要在 MATLAB 函数程序中对系统的控制变量进行操作。

(2)电液激振时效系统的负载激振实验需要在相对较短的时间内完成启动和稳定运行,带动负载进行激振的持续时间可参考装甲车辆振动消除应力技术中的要求及机械式振动时效应力消除装置的评定办法可知:每次激振过程应在 40 min 以上,电机稳定速度精度范围为[-1,1] r/min,保证一个激振过程中有两个最大振动加速度在[30,70] m/s² 区间以外才能判定真的消除应力效果有效[118]。因此在持续振动过程中要求激振系统输出的激振特征要平稳,数据采集系统要进行连续采集,这就要求电液激振时效系统在相对较长时间内的运转工程中有一定的抗热干扰特性,并且测控及采集部件灵敏度高,有一定的稳定补偿功能,保证满足实验精度要求。

(3)电液激振时效系统的数据采集对象包括:旋转控制阀输出压力和输出流量,负载激振过程的激振力、激振位移、激振速度和激振加速度。对旋转控制阀输出压力和输出流量进行数据采集时,为了避免对激振液压缸的输入环节造成影响,可通过压力变送器和蜗轮流量计进行测定和采集。对负载激振过程的激振信号进行数据采集时,需要将压力、位移、速度及加速度传感器安装于负载机构的一端,且不应与负载机构存在相对运动。

（4）对电液激振时效系统负载激振过程进行数据采集时，一般需要分析系统稳定运行时的动态特性和激振特性，而采集的数据是来自系统由启动到稳定运行最后制动的全过程，因此，需要在实时测试的过程中，先进行预热实验即只进行实验不进行数据采集，对系统稳定运行的时间有一定判断，以便对后续实验采集到的数据进行处理。

2.5 本章小结

提出了一种旋转控制电液激振时效系统，分别对关键部件旋转控制阀和激振液压缸进行结构设计，阐述了旋转控制阀与激振液压缸的工作原理。建立了旋转控制阀通流过程的数学模型，对旋转控制阀的压力-流量特性进行数学解析，并分析了旋转控制阀工作过程的液动力特性。根据激振液压缸的特殊功能，设计了唇边活塞变间隙密封和元件密封的复合密封结构，考虑电液激振时效系统的负载特征，建立了激振液压缸的数学模型。根据电液激振时效系统的组成和控制结构，介绍了系统的测控和数据采集环节，分析了测控和数据采集时的实验要求。

3 旋转控制阀流场特性及关键参数交互效应研究

作为电液激振时效系统的关键部件,旋转控制阀将主油泵输入的液压油传递至激振液压缸。旋转控制阀在电机的直接驱动下持续旋转,阀芯上的油槽和阀体上的油口呈周期性交替连通,实现激振液压缸的主动振动。在阀芯与阀体油口的一次连通中,必然经历从开到闭的过程。在此过程中,油槽和阀体油口配合位置所受到的液压力大小和液体流动情况会存在很大差异。因此,为了研究油槽和阀体油口配合过程旋转控制阀流场的动态特性,基于 ANSYS/Fluent 平台,利用多参考系模型(MRF, multiple reference frame)网格滑移运动的方法,在一个工作周期内对旋转控制阀不同阀芯转速、进出口压差及阀芯油槽形状等情况下流场的特性进行模拟分析,并利用基于响应面的实验设计方法对影响旋转控制阀工作特性的油槽参数进行最佳匹配及组合寻优。

3.1 旋转控制阀流场特性数值模拟的理论基础

液压领域中,工作介质内某个点与某个点之间具有的相对运动称为液体流动,液体的流动是固有的,具有绝对性,而静止是相对的[119]。流体作为液体形态的物质,其流动过程遵循物质的运动规律和基本原理,包括质量守恒定律、能量守恒定律和动量守恒定律等[120],而控制方程是这些基本物理规律的数学表达[121]。流体和流动有多种分类:① 非黏性流体与黏性流体;② 牛顿流体与非牛顿流体;③ 可压缩流体与不可压缩流体;④ 定常流体与非定常流动;⑤ 层流流体与湍流流动[122]。而旋转控制阀的主要功能为油液分配,阀内流体运动方向、压力、速度等物理量会随时变化,为了利用计算流体动力学(CFD)的手段对旋转控制阀转动过程的流场特性进行模拟分析,需要对此过程做出如下定义:工作介质为绝热、不可压缩的黏性、牛顿流体,流动类型为非定常、湍流流动。

根据定义的流动类型,可列出进行流场分析时所涉及的控制方程和计算理论如下。

(1)质量守恒方程

该定律可被描述为:有限体积的流体单元在单位时间内增加的质量与相同时间内流入该流体单元的净质量相等,因此质量守恒方程也称为连续性方程[123]。其形式可表示为:

$$\frac{\partial \rho}{\partial t} + \frac{\partial (\rho u)}{\partial x} + \frac{\partial (\rho v)}{\partial y} + \frac{\partial (\rho w)}{\partial z} = 0 \tag{3-1}$$

引入矢量表达式:

$$\nabla \cdot \boldsymbol{a} = \mathrm{div}(\boldsymbol{a}) = \frac{\partial a_x}{\partial x} + \frac{\partial a_y}{\partial y} + \frac{\partial a_z}{\partial z} \tag{3-2}$$

则式(3-1)可表示为：

$$\frac{\partial \rho}{\partial x} + \nabla(\rho \boldsymbol{u}) = 0 \tag{3-3}$$

式中　u, v, w ——流体速度在 x 轴、y 轴、z 轴方向上的分量；

　　　ρ ——流体介质的密度；

　　　t ——时间；

　　　$\boldsymbol{u}$ ——速度矢量。

对于不可压缩的工作流体介质，其密度 ρ 为恒量，则式(3-1)可表示为：

$$\frac{\partial(\rho u)}{\partial x} + \frac{\partial(\rho v)}{\partial y} + \frac{\partial(\rho w)}{\partial z} = 0 \tag{3-4}$$

（2）动量守恒方程

在动力学领域，流体流动时必须遵循牛顿第二定律，即动量守恒定律。该定律诠释了流体运动的变化与所受外力之间的一定关系，是研究流体流动、建立流体运动方程的根本理论依据[124]。根据流体动量守恒方程（Navier-Stokes）的描述，流体在 x 轴、y 轴、z 轴三个轴向上的动量守恒方程可以表示为：

$$\begin{cases} \dfrac{\partial(\rho u)}{\partial t} + \mathrm{div}(\rho u \mu) = -\dfrac{\partial p}{\partial x} + \dfrac{\partial \tau_{xx}}{\partial x} + \dfrac{\partial \tau_{yx}}{\partial y} + \dfrac{\partial \tau_{zx}}{\partial z} + F_x \\[2mm] \dfrac{\partial(\rho u)}{\partial t} + \mathrm{div}(\rho u \mu) = -\dfrac{\partial p}{\partial y} + \dfrac{\partial \tau_{xy}}{\partial x} + \dfrac{\partial \tau_{yy}}{\partial y} + \dfrac{\partial \tau_{zy}}{\partial z} + F_y \\[2mm] \dfrac{\partial(\rho u)}{\partial t} + \mathrm{div}(\rho u \mu) = -\dfrac{\partial p}{\partial z} + \dfrac{\partial \tau_{xz}}{\partial x} + \dfrac{\partial \tau_{yz}}{\partial y} + \dfrac{\partial \tau_{zz}}{\partial z} + F_z \end{cases} \tag{3-5}$$

式中　p ——流体单元上的作用力；

　　　τ ——流体单元黏性力的分量；

　　　F_x, F_y, F_z ——流体单元质量力的分量。

对于黏性的牛顿流体，τ_{xx}、τ_{xy}、τ_{xz}、τ_{yx}、τ_{yy}、τ_{yz}、τ_{zx}、τ_{zy}、τ_{zz} 的具体形式可表示为如下形式：

$$\begin{cases} \tau_{xy} = \tau_{yx} = \mu\left(\dfrac{\partial u}{\partial y} + \dfrac{\partial v}{\partial x}\right) \\[2mm] \tau_{xz} = \tau_{zx} = \mu\left(\dfrac{\partial u}{\partial z} + \dfrac{\partial w}{\partial x}\right) \\[2mm] \tau_{yz} = \tau_{zy} = \mu\left(\dfrac{\partial v}{\partial z} + \dfrac{\partial w}{\partial y}\right) \\[2mm] \tau_{xx} = 2\mu\dfrac{\partial u}{\partial x} + \lambda \mathrm{div}\,\boldsymbol{u} \\[2mm] \tau_{yy} = 2\mu\dfrac{\partial v}{\partial y} + \lambda \mathrm{div}\,\boldsymbol{u} \\[2mm] \tau_{zz} = 2\mu\dfrac{\partial w}{\partial z} + \lambda \mathrm{div}\,\boldsymbol{u} \end{cases} \tag{3-6}$$

式中　μ ——流体的动力黏度；

　　　λ ——流体的运动黏度。

对流体的速度在 x 轴、y 轴、z 轴方向上进行梯度化定义：

$$\begin{cases} \mathbf{grad}\ u = \dfrac{\partial u}{\partial x} + \dfrac{\partial u}{\partial y} + \dfrac{\partial u}{\partial z} \\[2mm] \mathbf{grad}\ v = \dfrac{\partial v}{\partial x} + \dfrac{\partial v}{\partial y} + \dfrac{\partial v}{\partial z} \\[2mm] \mathbf{grad}\ w = \dfrac{\partial w}{\partial x} + \dfrac{\partial w}{\partial y} + \dfrac{\partial w}{\partial z} \end{cases} \tag{3-7}$$

则式(3-4)可等效成如下形式:

$$\begin{cases} \dfrac{\partial(\rho u)}{\partial t} + \mathrm{div}(\rho \boldsymbol{u}\mu) = \mathrm{div}(\mu \cdot \mathbf{grad}\ u) - \dfrac{\partial p}{\partial x} + S_u \\[2mm] \dfrac{\partial(\rho u)}{\partial t} + \mathrm{div}(\rho \boldsymbol{u}\mu) = \mathrm{div}(\mu \cdot \mathbf{grad}\ v) - \dfrac{\partial p}{\partial x} + S_v \\[2mm] \dfrac{\partial(\rho u)}{\partial t} + \mathrm{div}(\rho \boldsymbol{u}\mu) = \mathrm{div}(\mu \cdot \mathbf{grad}\ w) - \dfrac{\partial p}{\partial x} + S_w \end{cases} \tag{3-8}$$

其中,S_u、S_v、S_w分别代表动量守恒方程中的广义非稳态源项,其值与流体单元在坐标轴上的分力有关,即 $S_u = S_x + F_x$,$S_v = S_y + F_y$,$S_w = S_z + F_z$,其中S_x、S_y、S_z可表示为:

$$\begin{cases} S_x = \dfrac{\partial}{\partial x}\left(\mu\dfrac{\partial u}{\partial x}\right) + \dfrac{\partial}{\partial y}\left(\mu\dfrac{\partial v}{\partial x}\right) + \dfrac{\partial}{\partial z}\left(\mu\dfrac{\partial w}{\partial x}\right) + \dfrac{\partial}{\partial x}(\lambda\,\mathrm{div}\ \boldsymbol{u}) \\[2mm] S_y = \dfrac{\partial}{\partial x}\left(\mu\dfrac{\partial u}{\partial y}\right) + \dfrac{\partial}{\partial y}\left(\mu\dfrac{\partial v}{\partial y}\right) + \dfrac{\partial}{\partial z}\left(\mu\dfrac{\partial w}{\partial y}\right) + \dfrac{\partial}{\partial y}(\lambda\,\mathrm{div}\ \boldsymbol{u}) \\[2mm] S_z = \dfrac{\partial}{\partial x}\left(\mu\dfrac{\partial u}{\partial z}\right) + \dfrac{\partial}{\partial y}\left(\mu\dfrac{\partial v}{\partial z}\right) + \dfrac{\partial}{\partial z}\left(\mu\dfrac{\partial w}{\partial z}\right) + \dfrac{\partial}{\partial z}(\lambda\,\mathrm{div}\ \boldsymbol{u}) \end{cases} \tag{3-9}$$

因为本书所定义的流体类型为不可压缩流体,则流体流动的守恒方程即 Navier-Stokes 方程,可表示为:

$$\begin{cases} \dfrac{\partial(\rho u)}{\partial t} + \dfrac{\partial(\rho u u)}{\partial x} + \dfrac{\partial(\rho u v)}{\partial y} + \dfrac{\partial(\rho u w)}{\partial z} = \\[2mm] \qquad \dfrac{\partial}{\partial x}\left(\mu\dfrac{\partial u}{\partial x}\right) + \dfrac{\partial}{\partial y}\left(\mu\dfrac{\partial u}{\partial y}\right) + \dfrac{\partial}{\partial z}\left(\mu\dfrac{\partial u}{\partial z}\right) - \dfrac{\partial P}{\partial y} + S_u \\[2mm] \dfrac{\partial(\rho v)}{\partial t} + \dfrac{\partial(\rho v u)}{\partial x} + \dfrac{\partial(\rho v v)}{\partial y} + \dfrac{\partial(\rho v w)}{\partial z} = \\[2mm] \qquad \dfrac{\partial}{\partial x}\left(\mu\dfrac{\partial v}{\partial x}\right) + \dfrac{\partial}{\partial y}\left(\mu\dfrac{\partial v}{\partial y}\right) + \dfrac{\partial}{\partial z}\left(\mu\dfrac{\partial v}{\partial z}\right) - \dfrac{\partial P}{\partial y} + S_v \\[2mm] \dfrac{\partial(\rho w)}{\partial t} + \dfrac{\partial(\rho w u)}{\partial x} + \dfrac{\partial(\rho w v)}{\partial y} + \dfrac{\partial(\rho w w)}{\partial z} = \\[2mm] \qquad \dfrac{\partial}{\partial x}\left(\mu\dfrac{\partial w}{\partial x}\right) + \dfrac{\partial}{\partial y}\left(\mu\dfrac{\partial w}{\partial y}\right) + \dfrac{\partial}{\partial z}\left(\mu\dfrac{\partial w}{\partial z}\right) - \dfrac{\partial P}{\partial y} + S_w \end{cases} \tag{3-10}$$

(3) 能量守恒方程

流体流动时也要满足能量守恒定律。能量守恒定律可描述为:微元体中的能量增加率等同于流入微元体中的净流量和体力、面力对其做功的总和[125]。根据该定律的描述,能量守恒方程可表示为:

$$\dfrac{\partial(\rho T)}{\partial t} + \mathrm{div}(\rho \boldsymbol{u} T) = \mathrm{div}\left(\dfrac{k_p}{C}\mathbf{grad}\ T\right) + S_T \tag{3-11}$$

根据式(3-4)、式(3-10)可将式(3-11)展开,其具体形式可表示为:

$$\frac{\partial(\rho T)}{\partial t} + \frac{\partial(\rho u T)}{\partial x} + \frac{\partial(\rho v T)}{\partial y} + \frac{\partial(\rho w T)}{\partial z}$$

$$= \frac{\partial}{\partial x}\left(\frac{k_{\mathrm{p}}}{C_{\mathrm{P}}}\frac{\partial T}{\partial x}\right) + \frac{\partial}{\partial y}\left(\frac{k_{\mathrm{p}}}{C_{\mathrm{P}}}\frac{\partial T}{\partial y}\right) + \frac{\partial}{\partial z}\left(\frac{k_{\mathrm{p}}}{C_{\mathrm{P}}}\frac{\partial T}{\partial z}\right) + S_T \tag{3-12}$$

式中　T ——流体的温度；

　　　k ——流体的传热系数；

　　　C_{p} ——流体的比热容；

　　　S_T ——黏性耗散项，主要与流体的黏度及应变率张量相关。

在式(3-3)、式(3-8)、式(3-11)中，u、v、w、p、T、ρ 为未知量，引入状态方程：

$$p = p(\rho, T) \tag{3-13}$$

将式(3-13)代入式(3-3)、式(3-8)、式(3-11)中，可以将各个方程按照通用的形式转换，具体形式为：

$$\frac{\partial(\rho\varphi)}{\partial t} + \mathrm{div}(\rho\boldsymbol{\mu}\varphi) = \mathrm{div}\left[(\Gamma(\mathbf{grad}\varphi)\right] + S \tag{3-14}$$

将式(3-11)代入式(3-12)，可将式(3-12)展开成通用的方程，其具体形式为：

$$\frac{\partial(\rho\varphi)}{\partial t} + \frac{\partial(\rho u\varphi)}{\partial x} + \frac{\partial(\rho v\varphi)}{\partial y} + \frac{\partial(\rho w\varphi)}{\partial z}$$

$$= \frac{\partial}{\partial x}\left[\Gamma\left(\frac{\partial\varphi}{\partial x}\right)\right] + \frac{\partial}{\partial y}\left[\Gamma\left(\frac{\partial\varphi}{\partial y}\right)\right] + \frac{\partial}{\partial z}\left[\Gamma\left(\frac{\partial\varphi}{\partial z}\right)\right] + S \tag{3-15}$$

式中　φ ——通用变量；

　　　Γ ——广义扩散系数；

　　　S ——广义源项。

（4）湍流输运方程

自然界中存在层流流动和湍流流动两种主要流动状态[126]，其流动示意如图 3-3 所示。

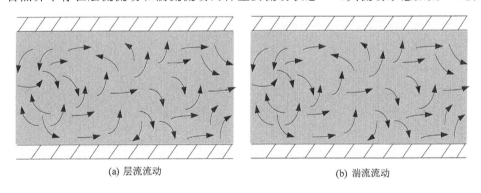

(a) 层流流动　　　　　　　　　　　　(b) 湍流流动

图 3-1　流体流动形式

层流流动表示流体在流动时出现层次分明的层状或线状的稳定流动状态，每个层之间不包含相互掺杂的现象。湍流流动表示流体在流动时，流体的质点除具有平行于管道轴线的运动，还具有垂直于轴线的运动，从而使得流体质点互相交叉，出现相互掺杂、扰动的流动状态[127]。湍流流动普遍存在于自然界和工程研究中，是最基本的流动状态，因此流体流动不仅遵循前述三种控制方程还要遵循湍流输运方程[128]。根据旋转控制阀的工程应用，可在选择双方程 k-epsion 的湍流模型。k-epsion 湍流模型是模拟分析中使用频率最高的计算模型,且 k-epsion 模型适合绝大多数的工程计算模型[129]。k-epsion 湍流模型中,k 为湍动能,表示一定时间内的速度波动情况,其单位为 m^2/s^2。epsion 为湍动能的耗散,表示为速度波动耗散的速率,即单位时间内的湍动能,单位为 m^2/s^3。

k-epsion 湍流模型有三种:① Standard k-epsion 模型;② RNG k-epsion 模型;③ Realizable k-epsion 模型。考虑需要对阀的旋转过程进行模拟分析,因此可选择的湍流模型为 RNG k-epsion 模型。相比其他两种类型,RNG k-epsion 模型是一种考虑旋转因素且基于 Standard k-epsion 模型的改进,有别于其他两种模型的优势:

① 在 epsion 方程中引入附加项,提升在速度梯度较大时计算的精确程度。

② 在模型中考虑了旋转因素,因此对旋转模型来说提高了计算强转速流场时的精确程度。

③ 对湍动黏度进行修正,模型包含了湍流求解时 Prandtl 数的计算方程,在对近壁面区域处理时可考虑低雷诺数情况。

基于上述 RNG k-epsion 模型的优势,并根据旋转控制阀的实际工作情况,可列出瞬态模拟时的湍流输运控制方程,其具体形式为:

$$\begin{cases} \dfrac{\partial(\rho k)}{\partial t} + \dfrac{\partial(\rho k u_i)}{\partial x_i} = \dfrac{\partial}{\partial}\left(\alpha_k u_{\text{eff}}\dfrac{\partial k}{\partial x_j}\right) + G_k + G_b - \rho\varepsilon - Y_M + S_k \\ \dfrac{\partial}{\partial t}(\rho\varepsilon) + \dfrac{\partial}{\partial x_i}(\rho\varepsilon u_i) = \dfrac{\partial}{\partial x_j}\left(\alpha_\varepsilon u_{\text{eff}}\dfrac{\partial\varepsilon}{\partial x_j}\right) + C_{1\varepsilon}\dfrac{\varepsilon}{k}(G_k + C_{2\varepsilon}G_b) - C_{3\varepsilon}\rho\dfrac{\varepsilon^2}{k} - R_\varepsilon + S_\varepsilon \end{cases}$$

$$(3\text{-}16)$$

式中　u_{eff} ——修正的湍动黏度,$u_{\text{eff}} = \mu + \mu_t$;

　　　$C_{1\varepsilon}$ ——湍流模型常数,$C_{1\varepsilon} = 1.42$;

　　　$C_{2\varepsilon}$ ——湍流模型常数,$C_{1\varepsilon} = 1.68$;

　　　$C_{3\varepsilon}$ ——湍流模型常数,$C_{3\varepsilon} = 0.0845$;

　　　α_k ——湍流模型常数,$\alpha_k = 1.39$;

　　　α_ε ——湍流模型常数,$\alpha_\varepsilon = 1.39$。

（5）网格守恒方程

网格在滑移运动的过程中,静止域同旋转域之间的相对运动会导致瞬态交互效应[130]。对于滑移形式的网格运动来说,可以用任意单元上 V 通用标量 Φ 的积分来表示运动时的网格守恒关系,即

$$\frac{\mathrm{d}}{\mathrm{d}t}\int_V \rho\varphi\mathrm{d}V + \int_{\partial V}\rho\varphi(\boldsymbol{u}-\boldsymbol{u}_g)\mathrm{d}A = \int_{\partial V}\Gamma(\nabla\varphi)\mathrm{d}A + \int_V S\mathrm{d}V \qquad (3\text{-}17)$$

式中　∂V ——控制体积微元的边界;

　　　$\boldsymbol{u}_g$ ——滑移网格速度矢量;

　　　A ——滑移网格横截面面积。

利用一阶向后差分法将式(3-17)中的求导项改写,则有:

$$\frac{\mathrm{d}}{\mathrm{d}t}\int_V \rho\varphi\mathrm{d}V = \frac{(\rho\varphi V)^{n+1} - (\rho\varphi V)^n}{\Delta t} \qquad (3\text{-}18)$$

式中,n 及 $n+1$ 为当前计算时间步及下一阶段计算时间步。

第 $n+1$ 个计算时间步上的单元网格的体积 V^{n+1} 可以表示为:

$$V^{n+1} = V^n + \frac{\mathrm{d}V}{\mathrm{d}t}\Delta t \tag{3-19}$$

在网格滑移运动时要保证网格的体积守恒,则式(3-18)中网格的单位体积对时间求导可得:

$$\frac{\mathrm{d}V}{\mathrm{d}t} = \int_{\partial V} \boldsymbol{u}_g \cdot \mathrm{d}A = \sum_{j}^{n_f} \boldsymbol{u}_{g,j} \cdot A_j \tag{3-20}$$

式中 n_f——单元网格体面的数量;

A_j——第 j 个面的面积;

$\boldsymbol{u}_{g,j} \cdot A_j$——任一网格体上的点积,其代表了整个计算时间 Δt 内计算网格上面积 j 因膨胀而引起的体积变化,即

$$\boldsymbol{u}_{g,j} \cdot A_j = \frac{\delta V_j}{\Delta t} \tag{3-21}$$

对于网格的滑移运动情况,旋转部分的运动计算是相对于静止部分的参考系进行跟踪的。所以网格滑移运动依然遵循体积守恒。为简化分界面处的通量传输,令 $\frac{\mathrm{d}V}{\mathrm{d}t} = 0$ 且 $V^{n+1} = V^n$,则网格守恒方程可改写为:

$$\frac{\mathrm{d}}{\mathrm{d}t}\int_V \rho\varphi \mathrm{d}V = \frac{V\left[(\rho\varphi)^{n+1} - (\rho\varphi)^n\right]}{\Delta t} \tag{3-22}$$

3.2 旋转控制阀结构建模

根据前文设计的结构,利用 Solidworks 三维实体建模软件按照 1:1 建立旋转控制阀各个零部件,然后将各个零部件根据实际配合关系对旋转控制阀进行装配、组建。旋转控制阀(以矩形油槽的阀芯为例)的三维实体模型结构及内部特征如图 3-1 所示。利用在 Solidworks 中建立的旋转控制阀三维模型,采用 ANSYS/Fluent 对其内部的流场分布情况进行分析。进行流场分析时,考虑到工艺特性对计算量的影响,故对旋转控制阀中与计算域无关的圆角、倒角结构进行简化。通过 ANYSY 的 CAD Configuration manger 对接设置中选择与 Solidworks 进行无缝连接,将 Solidworks 中已建立好的旋转控制阀模型直接导入 ANYSYS。

将旋转控制阀三维结构模型导入 ANSYS 后,利用 ANSYS Design Model 进行流道提取,由旋转控制阀的工作原理和模型结构可知:旋转控制阀的流道模型在供液部分(接油泵)和回液部分(接油箱)是对称且等价的。以油槽为矩形的阀芯为例,可得到如图 3-2 所示旋转控制阀流道模型及外接油口。

由图 3-3 可知:旋转控制阀流道内部流动过程可分为 P→A 和 B→T 两个部分。P→A 过程为:主油泵通过管路向旋转控制阀进液侧的两个油口输入一定压力的油液,随着旋转控制阀的转动,油槽对应的流道不断转动,交替与接激振液压缸的 A 口连通,使高压液体流入液压缸;B→T 过程为:旋转控制阀的两个出液口通过管路与油箱连通,随着阀的不断旋转,接激振液压缸 B 口与旋转控制阀流道的回流油槽不断连通,使液压缸活塞的缩回将油液输送到出液口,最后流回油箱。这两个过程的流道不具备连通环节,运行时独立且同步,实现旋转控制阀交替、持续配流的功能。

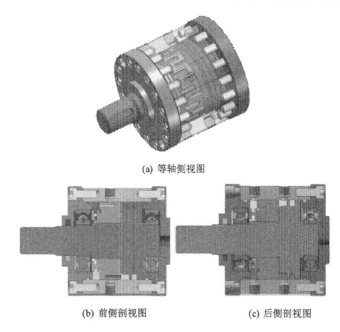

(a) 等轴侧视图

(b) 前侧剖视图　　　　　　　　(c) 后侧剖视图

图 3-2　旋转控制阀三维结构模型

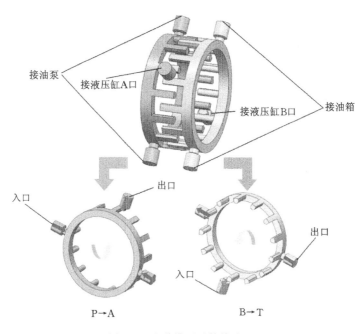

图 3-3　流道模型及外接油口

3.3　基于 MRF 的旋转控制阀滑移动网格建模

利用 Fluent/MRF 方法进行数值模拟时,需要根据问题类型选择合适的求解器。本书研究的是基于三维的动态问题,因此在 Fluent 启动界面选择三维问题的求解模型(3D),保持计算精度为系统默认的单精度（单精度可适用于大多数工程问题[131]）。在 ANSYS Workbench 平台对已经导入的流道模型进行网格划分，设置转动部分的网格为六面体网格，进、出口部分设置网格类型为四面体网格，利用五棱柱对边界层细化。网格文件成功导入 Fluent 后，对其执行检查和光顺操作以提高网格质量。

网格导入 Fluent 后的相关重要设置分为以下步骤：

（1）求解器选择

旋转控制阀内的流体类型为不可压缩的牛顿流体，因此在 Fluent 中选择 Pressure-Based 压力基求解器，求解类型为 Transient。

（2）定义流体参数

在 Fluent 中对流体的材料参数进行定义，利用 Fluent Database Materials 定义所用流体为工程用液压油（engine-oil），其密度为 890 kg/m³，动力黏度为 0.035 kg/(m・s)。

（3）网格滑移运动设定

利用 MRF 方法进行网格滑移运动参考系的设定时，考虑流道的实际运动状态，设定三个油口对应的参考系与全局参考系重合，并定义该参考系为固定约束，再设定流道的其他旋转部分为旋转运动参考系，令该参考系的 X 轴与全局参考系重合，其他两个轴的方向则由流道实体自动派生，定义该参考的运动方式为 Frame Motion，即旋转运动，且旋转中心为整个实体的重心。需要说明的是，在定义 Frame Motion 时，必须要在 Fluent 中将 Frame Motion 的运动方式复制给 Mesh Motion，才能保证模拟时运动部分的网格与参考系处于相同状态，这样才符合旋转控制阀的真实运动情况，并根据壁面的旋转情况对子域旋转情况进行设置，此步为 MRF 网格滑移运动方法实现的关键。

（4）边界条件设定

根据旋转控制阀的实际工作情况，将流道模型的两个油口边界条件分别定义为压力边界，设定模型外部为旋转壁面，定义旋转中心为模型重心，旋转方向按右手定则选择逆时针方向（模型的重心可利用 ANSYS Geometry 中的 Tools-Analysis tools-Mass Properties 工具计算获得）。

（5）接触交界面设定

设定两个进口的端面与旋转壁面的外表面为接触的交界面，设置交界面时可在 Geometry 中通过 Name Selected 进行选择，设置接触交界面时，需要分别选择，并通过抑制模型命令分步完成。

以矩形油槽的阀芯为例，内流道的网格划分、边界条件等情况如图 3-4 所示。

为确定模型网格的数量及大小同数值模拟的结果是近似无关的，需要对网格的独立性进行检验[132]。进行网格独立性验证时，设定模拟的工作条件为：转速为 500 r/min，入口压力为 15 MPa，出口压力为 10 MPa。以转动壁面和出口交界处主要关注区域内任一点的压力值、流速值为主要评价指标，流道的主要关注区域示意及流场矢量分布如图 3-5 所示。

网格单元尺寸分别控制为 0.6 mm、0.8 mm、1.0 mm、1.2 mm、1.4 mm，利用 Fluent 模拟控制阀转动到全开时刻的流场特性，得到五种网格尺寸下的网格单元总数、节点总数、关注区液体的压力值、流速值，分别如图 3-6(a)、图 3-6(b)、图 3-6(c)、图 3-6(d)所示。

由图 3-6 可知：随着网格变密，流道模型的单元总数由 68 881 增加至 128 283，节点总数由 16 370 增加至 609 450。主要关注区域内任一点的压力值出现波动性变化，其具体表现

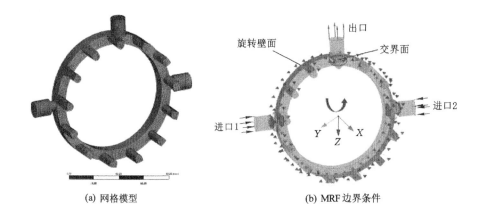

(a) 网格模型   (b) MRF 边界条件

图 3-4 旋转控制阀流道网格及边界条件

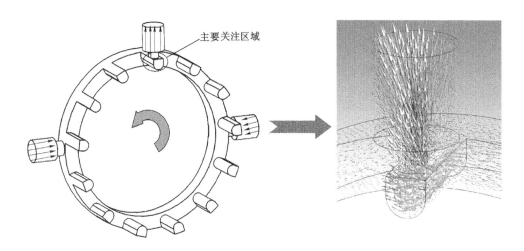

图 3-5 流道模型主要关注区域

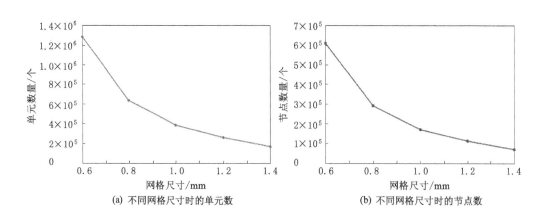

(a) 不同网格尺寸时的单元数   (b) 不同网格尺寸时的节点数

图 3-6 网格独立性结果

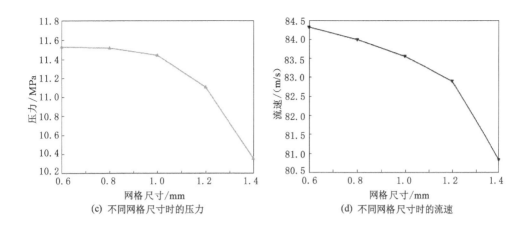

(c) 不同网格尺寸时的压力　　　　　　(d) 不同网格尺寸时的流速

图 3-6（续）

为：当网格由 1.4 mm 加密至 1.0 mm 时，压力值呈逐渐上升趋势且上升速率在 1.2 mm 和 1.4 mm 区间内较明显；当网格由 1.0 mm 加密至 0.6 mm 时，压力值几乎处于平稳状态，0.6 mm 时的压力值与 1.0 mm 时的压力值具有较高的相近程度。

　　根据网格独立性的基本定义，相邻尺寸下的压力误差值均在 6.5% 以内，且网格细化程度不同的两组压力值有较高的相近性[133]。因此，为了保证数值模拟的准确性，同时考虑计算机资源和仿真运行的时间成本，在后续的数值模拟中，对流道模型进行网格尺寸划分时，选择网格单元为 1.0 mm。

3.4　旋转控制阀流场的动态特性分析

　　旋转控制阀的通流面积与阀芯油槽形状直接相关，不同油槽形状的阀芯导致油液通流面积不同。图 3-7 为研究内容所涉及的三种通流形式。

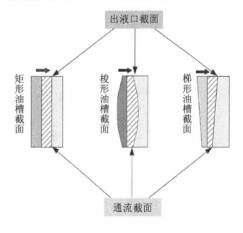

图 3-7　通流面积模型

由图 3-7 可知：旋转控制阀的通流面积在横截面上看是由阀芯油槽与阀体边界包络而

成的有效面积。随着旋转控制阀的旋转,阀芯通流面积近似以一定速度穿过出液口截面。根据阀芯的基本尺寸,利用 Solidworks 建立的不同油槽形状的三种阀芯如图 3-8 所示。

(a) 矩形油槽　　　　　(b) 梭形油槽　　　　　(c) 梯形油槽

图 3-8　不同油槽形状的旋转控制阀阀芯

根据三种不同油槽结构的阀芯模型,按照前述的流道提取方法得到三种不同油槽形状对应的阀芯流道模型,如图 3-9 所示。

(a) 矩形油槽　　　　　(b) 梭形油槽　　　　　(c) 梯形油槽

图 3-9　不同油槽形状对应的阀芯流道模型

3.4.1　不同油槽形状条件下旋转控制阀流场的动态特性

在 Fluent 中对上述三种流道模型进行动态仿真,获得油槽形状不同时旋转控制阀流场的动态特性。仿真时,主要考虑流道结构差异对应的流场情况,因此选择旋转速度为 500 r/min,入口压力为 15 MPa,出口压力为 10 MPa 的情况进行模拟,计算步长设定为 0.000 5 s,收敛残差设置为 1×10^{-5} 或迭代步数取 750 步[134]。模拟时,旋转控制阀约在 0.125 s 内转过 1 圈,每转 1 圈流道排液 13 次,每个排液区间内阀芯有两个工作阶段:① 由全部闭合到全部开启;② 由全部开启到全部闭合。根据相关文献及课题组成员的研究基础,两个阶段除了进、出口方向设置不同以外,其他过程相似[135-136]。本节取旋转控制阀的两个阶段,对提出的三种阀芯流场的分布特性进行模拟分析。在 CFX-Post 后处理中取前一个排液区间内的数据,观察不同流道模型 5 个时刻所对应的压力情况和速度情况,对流道的主要关注区域进行切片处理,得到两个平面上的压力云图和速度矢量图,分别如图 3-10 至图 3-19 所示。

图 3-10(a)、图 3-10(b)、图 3-10(c)分别表示三种阀芯所对应的流道在 0.003 2 s 时内部液体的压力云图。

由图 3-10 可知:0.003 2 s 时,旋转控制阀转动至阀口开度约 1 mm,根据阀口在两个平面上的压力分布可知:矩形阀芯在阀口交界面处的压力值约为 10.66 MPa,油槽内部压力平

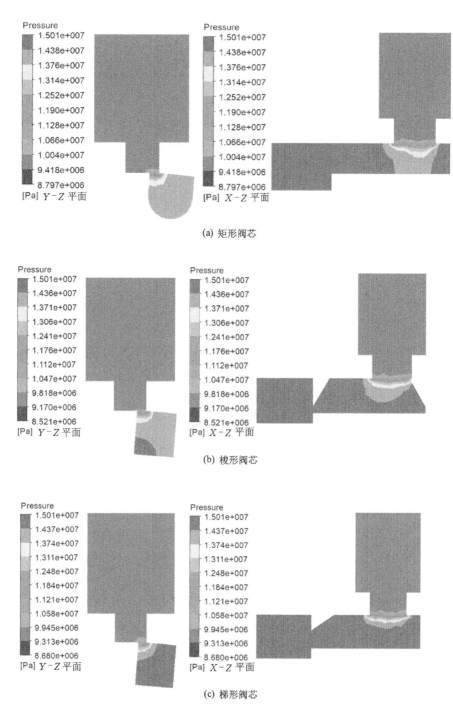

(a) 矩形阀芯

(b) 梭形阀芯

(c) 梯形阀芯

图 3-10　$t=0.003\,2\,\mathrm{s}$ 时三种阀芯的压力云图（单位：Pa）

稳，出液口的压力值约为 9.418 MPa，压力呈梯度分布；梭形阀芯在阀口交界面处的压力值约为 10.47 MPa，出液口的压力值约为 9.818 MPa；梯形阀芯在阀口交界面处的压力值约为10.58 MPa，阀芯油槽内部压力平稳，出液口的压力值约为 9.945 MPa。

图 3-11(a)、图 3-11(b)、图 3-11(c)分别表示三种阀芯所对应的流道在 0.003 2 s 时内部

液体的速度矢量图。

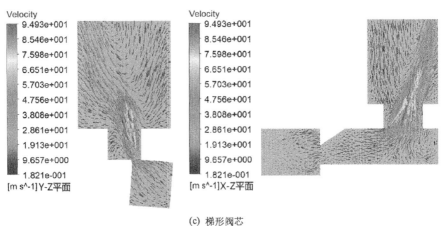

图 3-11　t＝0.003 2 s 时三种阀芯的速度矢量图（单位：m/s）

　　根据射流角的计算方式[137]和图 3-11 可知：0.003 2 s 时矩形阀芯内部液体速度分布较为均匀，在阀口交界面处的速度值约为 47.65 m/s，阀芯内液体最大速度值为 95.08 m/s，阀口交界面处的射流角约为 65°；梭形阀芯内部液体速度在交界面的前端分布均匀，后端出现轻微的漩涡区,从而使得阀口交界面处的液体速度增大,液体速度约为 37.67 m/s,液体最大速度为 93.95 m/s,射流角约为 76°;梯形阀芯内部液体速度在交界面的前端分布均匀,后端出现一定的漩涡区,阀口交界面处的液体速度约为 38.08 m/s,液体最大速度为 94.93 m/s,射流角约为 71°。

图 3-12(a)、图 3-12(b)、图 3-12(c)分别表示三种阀芯所对应的流道在 0.004 8 s 时内部

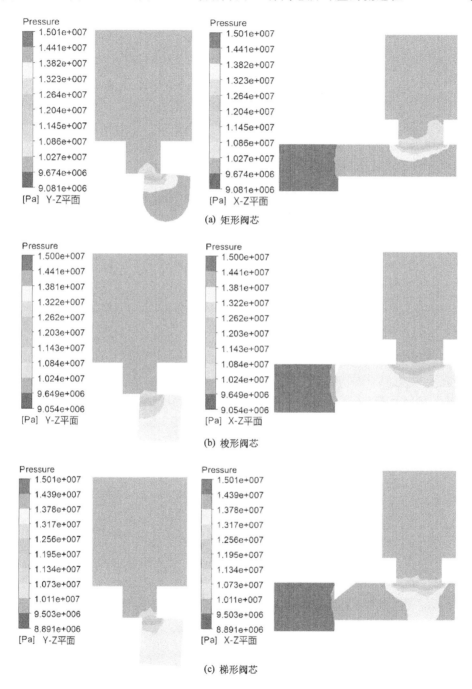

图 3-12　$t=0.004\ 8$ s 时三种阀芯的压力云图(单位:Pa)

液体的压力云图。

由图 3-12 可知:0.004 8 s 时旋转控制阀旋转至阀口的开度约为 2.5 mm,矩形阀芯在阀口交界面处的压力值约为 10.86 MPa,出口压力值约为 9.674 MPa;梭形阀芯在阀口交界面处的压力值约为 10.84 MPa,出液口压力值约为 9.649 MPa;梯形阀芯在阀口交界面处的压力值约为 10.73 MPa,出液口的压力值约为 9.503 MPa。

图 3-13(a)、图 3-13(b)、图 3-13(c)分别表示三种阀芯所对应的流道在 0.004 8 s 时内部

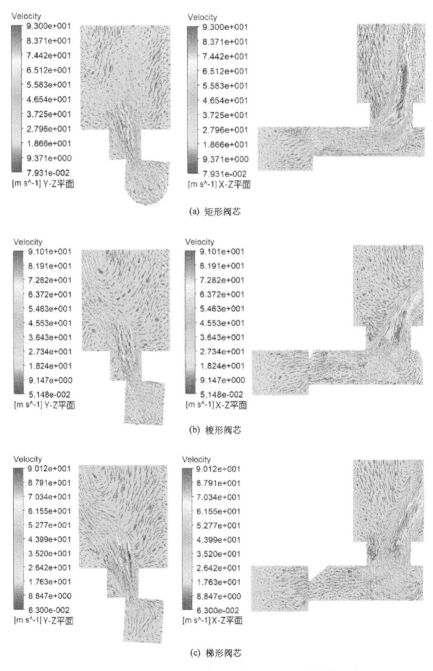

(a) 矩形阀芯

(b) 梭形阀芯

(c) 梯形阀芯

图 3-13　$t=0.004\ 8$ s 时三种阀芯的速度矢量图(单位:m/s)

液体的速度矢量图。

由图 3-13 可知:0.004 8 s 时,矩形阀芯内部液体速度分布均匀,在阀口交界面处约为 46.54 m/s,阀芯内液体最大速度为 93.00 m/s,阀口交界面处的射流角约为 68°;梭形阀芯内部液体速度在交界面的前端分布均匀,后端出现漩涡区,阀口交界面处的速度值约为 45.53 m/s,阀芯内液体最大速度为 91.01 m/s,射流角约为 78°;梯形阀芯内部液体速度在交界面的前端分布均匀,后端出现一定的漩涡区,阀口交界面处的速度约为 43.99 m/s,阀芯内液体最大速度为 90.12 m/s,阀口交界面处射流角约为 79°。

图 3-14(a)、图 3-14(b)、图 3-14(c)分别表示三种阀芯所对应的流道在 0.006 4 s 时内部液体的压力云图。

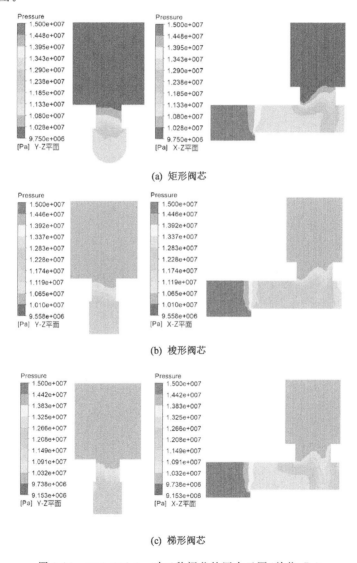

(a) 矩形阀芯

(b) 梭形阀芯

(c) 梯形阀芯

图 3-14 $t=0.006\ 4$ s 时三种阀芯的压力云图(单位:Pa)

由图 3-14 可知:0.006 4 s 时旋转控制阀旋转至阀口完全开启状态,矩形阀芯在阀口交界面处的压力值为 11.33 MPa,出口压力值约为 10.28 MPa,压力呈梯度分布;梭形阀芯在阀口交界面处的压力值约为 11.19 MPa,出液口压力值约为 10.10 MPa;梯形阀芯在阀口交界面处的压力值约为 10.91 MPa,出液口压力值约为 9.74 MPa。

图 3-15(a)、图 3-15(b)、图 3-15(c)分别表示三种阀芯所对应的流道在 0.006 4 s 时内部液体的速度矢量图。

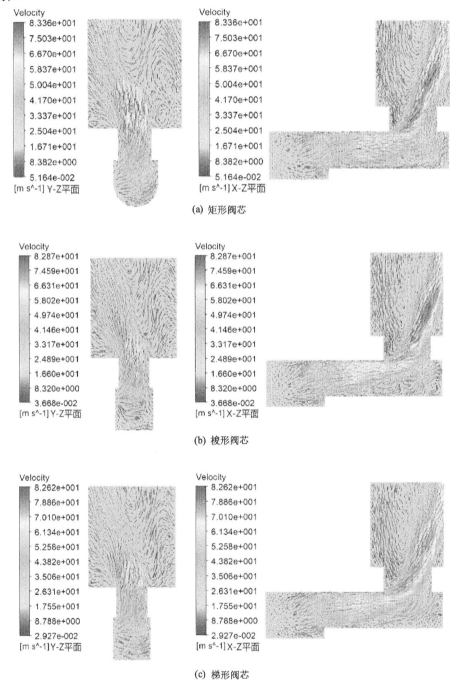

图 3-15 $t=0.006\ 4$ s 时三种阀芯的速度矢量图(单位:m/s)

由图 3-15 可知:0.006 4 s 时,矩形阀芯内部液体速度分布较均匀,在阀口交界面处约为 41.70 m/s,液体最大速度为 83.36 m/s,阀口交界面处的射流角约为 89°;梭形阀芯内部液体速度分布在交界面的前端均匀,后端出现严重的漩涡区,阀口交界面处的速度约为 41.46 m/s,液体最大速度为 82.87 m/s,交界处的射流角约为 90°;梯形阀芯内部液体在交界面的前端均匀,后端出现一定的漩涡区,阀口交界面处的速度约为 43.82 m/s,液体最大速度为 82.62 m/s,射流角约为 86°。

图 3-16(a)、图 3-16(b)、图 3-16(c)分别表示三种阀芯所对应的流道在 0.008 0 s 时内部液体的压力图。

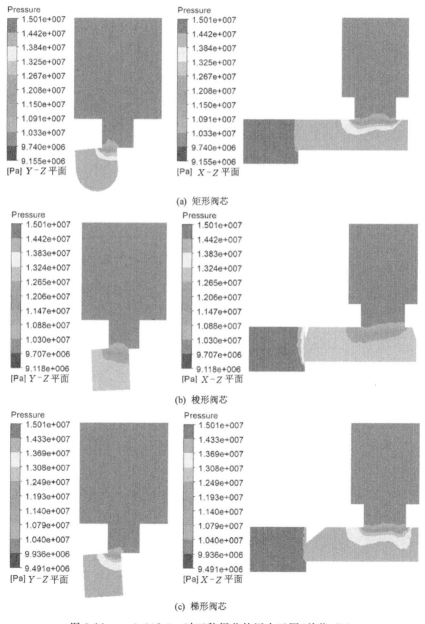

图 3-16　$t=0.008\ 0$ s 时三种阀芯的压力云图(单位:Pa)

由图 3-16 可知：0.008 0 s 时旋转控制阀由全开状态旋转至开启约 2.5 mm 的状态，矩形阀芯在阀口交界面处的压力值约为 10.91 MPa，出口压力值约为 10.33 MPa，压力呈梯度分布；梭形阀芯在阀口交界面处的压力值约为 10.88 MPa，出液口压力值约为 10.30 MPa；梯形阀芯在阀口交界面处的压力值约为 10.79 MPa，出液口压力值约为 10.40 MPa。

图 3-17(a)、图 3-17(b)、图 3-17(c)分别表示三种阀芯所对应的流道在 0.008 0 s 时内部液体的速度矢量图。

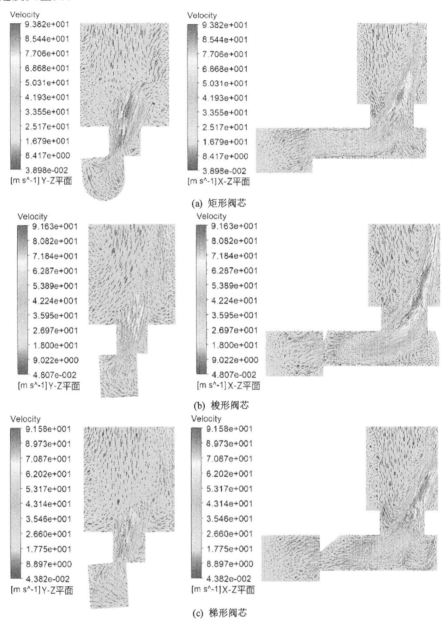

(a) 矩形阀芯

(b) 梭形阀芯

(c) 梯形阀芯

图 3-17　t＝0.008 0 s 时三种阀芯的速度矢量图(单位：m/s)

由图 3-17 可知：0.008 0 s 时，矩形阀芯内部液体速度分布较为均匀，在阀口交界面处的流速约为 41.93 m/s,液体最大速度为 93.82 m/s,阀口交界面处的射流角约为 109°;梭形阀芯内部液体速度在交界面的前端分布均匀,后端出现一定的空化区,阀口交界面处的速度约为 42.24 m/s,阀芯内液体最大速度为 91.63 m/s,交界面处的射流角约为 110°;梯形阀芯内部液体速度在交界面的前端分布均匀,后端出现一定的漩涡区,阀口交界面处的速度值约为 43.14 m/s,阀芯内液体最大速度为 91.58 m/s,射流角约为 104°。

图 3-18(a)、图 3-18(b)、图 3-18(c)分别表示三种阀芯所对应的流道在 0.009 6 s 时内部液体的压力云图。

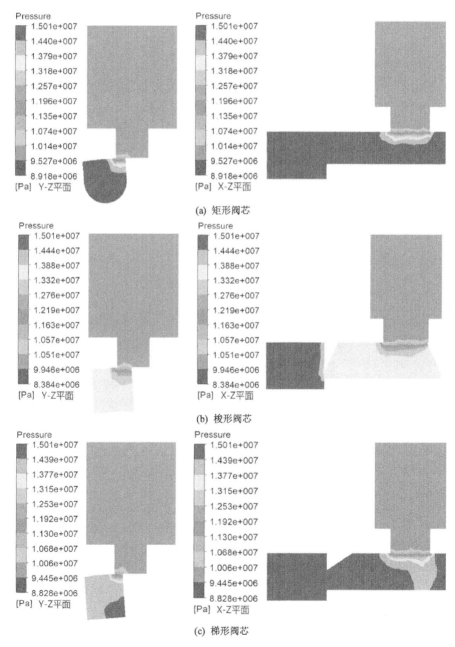

图 3-18　$t=0.009\ 6$ s 时三种阀芯的压力云图(单位:Pa)

由图 3-18 可知:0.009 6 s 时旋转控制阀由全开状态旋转至开启约 1 mm 状态,矩形阀芯在阀口交界面处的压力值约为 10.74 MPa,出液口的压力值约为 10.14 MPa,压力呈梯度分布;梭形阀芯在阀口交界面处的压力值约为 10.57 MPa,出液口的压力值约为 9.95 MPa;梯形阀芯在阀口交界面处的压力值约为 10.68 MPa,出液口的压力值约为 10.06 MPa。

图 3-19(a)、图 3-19(b)、图 3-19(c)分别表示三种阀芯所对应的流道在 0.009 6 s 时内部液体的速度矢量图。

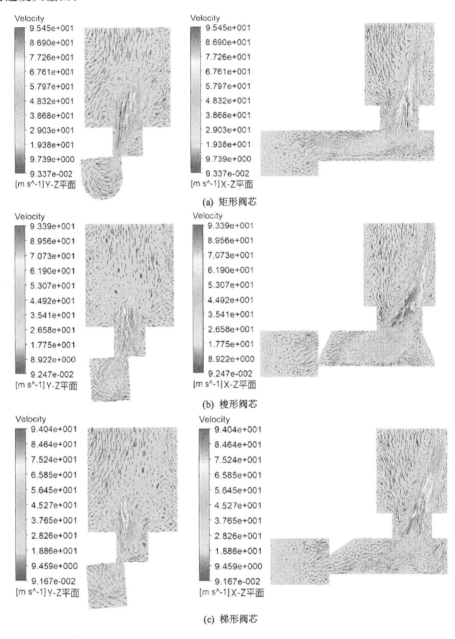

图 3-19　t＝0.009 6 s 时三种阀芯的速度矢量图(单位:m/s)

由图 3-19 可知:0.009 6 s 时,矩形阀芯内部液体速度分布较为均匀,在阀口交界面处的速度约为 48.32 m/s,阀芯内液体最大速度为 95.45 m/s,阀口交界面处的射流角约为 114°;梭形阀芯内部液体速度在交界面的前端分布均匀,后端出现一定的空化区,阀口交界面处的速度约为 44.92 m/s,阀芯内液体最大速度为 93.39 m/s,交界面处的射流角约为 113°;梯形阀芯内部液体速度在交界面的前端分布均匀,后端出现一定的漩涡区,阀口交界面处的速度约为 45.27 m/s,阀芯内液体的最大速度为 94.04 m/s,射流角约为 111°。

参考相似研究结果可知[138-139]:阀芯结构对轴向射流角的影响最为显著。提取仿真结果,利用 Origin Pro 2018 对模拟数据进行拟合,可得到旋转控制阀在设定工况下三种阀芯对应的流道主要关注区内压力、流速、射流角及流量的特性曲线,如图 3-20 所示。

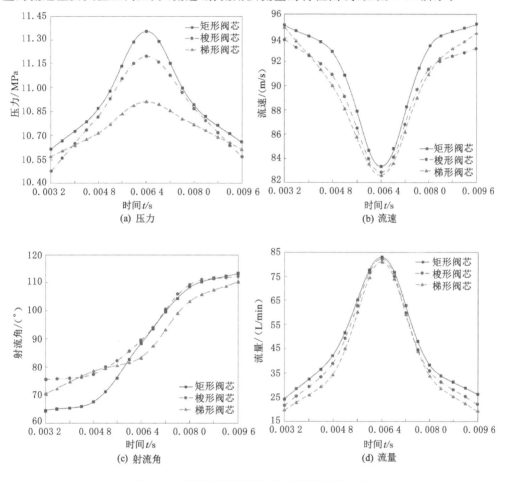

图 3-20　阀芯不同时刻旋转控制阀的流场特性

由旋转控制阀的通流过程及图 3-20 可知:随着阀的旋转,阀口的通流面积先增大后减小,阀芯油槽内的压力值随着通流面积的增大呈增大趋势,随着通流面积的减小呈减小趋势;阀口液体最大流动速度随通流面积的增大呈减小趋势,随着通流面积的减小呈增大趋势;随着旋转控制阀开口程度的增大,阀口射流角在 60°~120° 范围内逐渐增大;转动过程中,三种阀芯在油槽及出液口处均出现不同程度的涡流且涡流程度随着旋转控制阀开度的增大逐渐下降。三种阀芯中,矩形阀芯漩涡程度最低,梯形阀芯次之,梭形阀芯最差。阀芯持续旋转导致通流面积不断变化,旋转控制阀流量的变化趋势与通流面积的变化趋势一致,即先增大后减小。

在转动过程中,旋转控制阀压力峰值出现在全开时刻,其中矩形阀芯内液体压力最大,约为 11.33 MPa,梭形阀芯内液体压力略低,约为 11.19 MPa,梯形阀芯内液体压力最低,约为 10.91 MPa;速度在全开时刻达到最低,其中,矩形阀芯内液体流速为 83.36 m/s,梭形阀芯内的液体流速约为 82.87 m/s,梯形阀芯内液体流速约为 82.62 m/s;流量变化趋势与压力变化趋势相似。三种阀芯中,矩形阀芯的流量最大,约为 84.42 L/min,梭形阀芯在全开时刻的流量约为 80.29 L/min,梯形阀芯的流量最小,约为 78.71 L/min。根据以上结果可知:三种阀芯中因通流面积随着时间变化,导致内部流场出现不同程度的漩涡及空化现象,而矩形阀芯的漩涡、空化程度最小,且相同工况下,矩形阀芯的压力最高、流量最大,矩形阀芯优于其他两种阀芯。因此,后续仿真主要以矩形油槽的阀芯为研究对象。

3.4.2 不同压差条件下旋转控制阀流场的动态特性

为分析进液口与出液口压力差 ΔP 对旋转控制阀内部流场动态特性的影响,以矩形阀芯为研究对象,设定进油口、出油口压差分别为 6 MPa、5 MPa、4 MPa 时进行仿真。由于出液口的压力在实际工况下是不可调的,因此设定出口压力恒为 10 MPa,在仿真时分别改变进口压力为 16 MPa、15 MPa、14 MPa。在三种压差条件下,旋转控制阀阀口处的压力、流速、流量特性曲线分别如图 3-21(a)、图 3-21(b)、图 3-21(c)所示。由前文分析及相关文献可知影响旋转控制阀射流角的主要因素为油槽结构[140],因此后续内容不再对射流角进行分析。

由图 3-21 可知:$\Delta P=6$ MPa 时,旋转控制阀阀口的压力最大值约为 11.42 MPa,液体流速最低值约为 84.31 m/s,流量最大值约为 87.13 L/min;$\Delta P=5$ MPa 时,阀口的压力最大值约为 11.33 MPa,液体流速最低值约为 83.36 m/s,流量最大值约为 84.42 L/min;$\Delta P=4$ MPa 时,阀口的压力最大值约为 11.26 MPa,液体流速最低值约为 82.26 m/s,流量最大值约为 74.58 L/min。由此可见:随着压差的增大,旋转控制阀的最大压力和最大流量增大,最低流速下降。出现这种现象是由于压差增大,阀口输出压力增大,漩涡对液体流动的影响相对减小,使得阀口液体流动趋于稳定,从而出现最低速度下降的趋势,由于阀口压

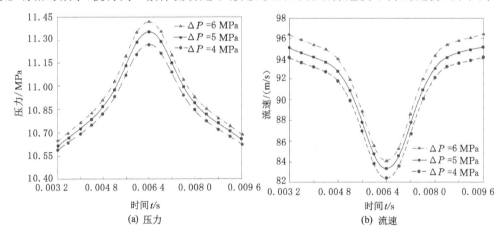

图 3-21　压差不同时旋转控制阀的流场特性曲线

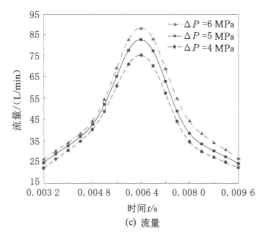

(c) 流量

图 3-21(续)

降增加,而通流面积不变,从而使得阀流量上升。

3.4.3　不同阀芯转速条件下旋转控制阀流场的动态特性

考虑到实际工作时,需要对电液激振时效系统进行调频、调速处理,而旋转控制阀与电机直接相连,电机的速度发生变化可直接影响阀芯的转速,因此有必要在不同旋转速度情况下对旋转控制阀的流场进行数值模拟。其余仿真参数不变,分别设定网格滑移速度为 500 r/min、1 000 r/min 和 2 000 r/min,得到如图 3-22(a)、图 3-22(b)、图 3-22(c)所示旋转控制阀压力、流速、流量动态特性曲线。

由图 3-22 可知:旋转速度为 500 r/min 时,压力峰值为 11.33 MPa,速度峰值为 95.12 m/s,流量峰值为 84.42 L/min;旋转速度为 1 000 r/min 时,压力峰值为 11.23 MPa,速度峰值为 95.47 m/s,流量峰值为 76.28 L/min;旋转速度为 2 000 r/min 时,压力峰值为 11.15 MPa,速度峰值为 96.54m/s,流量峰值为 70.22 L/min。由此可见:改变阀芯的旋转速度会明显降低阀口压力峰值和流量峰值,增加速度峰值,其中转速对压力的影响程度高于

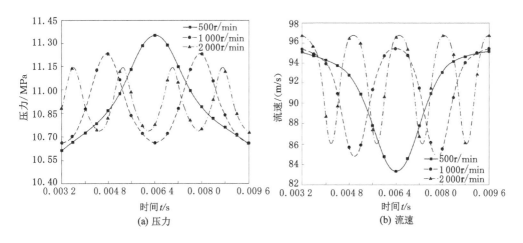

(a) 压力　　　　　　　　　　　　　(b) 流速

图 3-22　转速不同时旋转控制阀的流场特性曲线

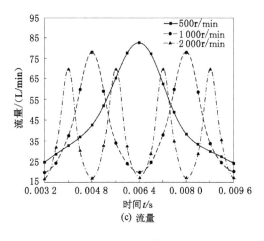

图 3-22（续）

对流量的影响程度,出现这种情况是由于过高的旋转速度会使内部液体局部漩涡程度增加,产生的局部压力损失增加,从而影响阀口的输出压力,但对液体整体的流动趋势并不会造成较大的影响,因此流量峰值仅出现轻微的变化;阀芯旋转速度增加会提高阀芯内部流体的速度,这是因为阀芯油槽内部液体的流动速度不仅受液压油源和阀口通流面积的影响,在阀芯运动时,会使油槽内部液体获得外来的动力,从而使流速增加。

3.5 阀芯开槽参数的交互效应分析

由于旋转控制阀在转动时阀芯油槽的开槽参数会对阀口交界处的流场特性产生一定影响,而初次设计时只在考虑可行性的基础上对油槽的开槽参数进行确定。为了对阀芯的开槽参数进行多因素交互影响分析,以期在实验点的分布范围内获得最佳的流速和压力,本节利用基于 BBD(box-behnken design)的响应面分析方法,以转速 500 r/min,入口压力 15 MPa,出口压力 10 MPa 为设定工况,取三种阀芯结构中动态特性较佳的矩形阀芯为研究对象,利用实验设计、响应面及二次回归正交优化[141]的方法对阀芯油槽长度、宽度、深度进行多因素交互研究,以交界面处的流速、压力峰值为评价指标,分析三因素的交互影响特性。综合前面的分析结果可知:在全开状态下,不同的阀芯开槽形状对液体流动会产生一定的影响,最终影响阀的输出,因此以全开口时的状态进行模拟实验是可行的[142-144]。利用实验设计及响应面方法分析阀芯开槽参数的实现步骤如下:

（1）设计实验并确定响应指标,根据实验指标选取实验因素建立二次回归正交方程;

（2）确定所选实验因素的因子和水平;

（3）根据实验因子的水平情况确定实验组合及次数;

（4）对实验组合内的因子、水平等进行编码;

（5）根据编码表进行实验,对阀芯不同水平下的响应特性进行分析;

（6）求解二次回归正交方程,并对其偏回归系数、方差、协方差等做显著性检查;

（7）对因素的重要性和因素的交互影响进行分析;

（8）利用回归方程进行优化分析,得出最优解。

3.5.1　实验设计

旋转控制阀阀芯油槽的开槽参数有开槽长度、开槽宽度及开槽深度三个主要因素,油槽的线架模型如图 3-23 所示。

在实验中,根据 BBD 组合设计方法设计三因素三水平的模拟实验组合,设定开槽长度、宽度和深度的编码分别为 A、B、C(编码 A、B、C 代替几何参数),每个因素根据结构设计及槽口尺寸能满足阀在正常工作时的液体流动可取三个水平,响应指标压力和流速分别为 Y_1、Y_2,实验方案中因素的因子和水平见表 3-1。

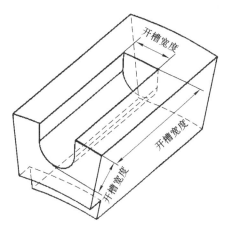

图 3-23　阀芯油槽线架模型

表 3-1　实验因素、水平及响应

开槽参数	单位	因素	水平			响应 Y_1	响应 Y_2
开槽长度	mm	A	16	18	20	流速/(m/s)	压力/MPa
开槽宽度	mm	B	5	6	7		
开槽深度	mm	C	4	6	8		

根据最小二乘法建立三因素三水平的二次回归方程:

$$\hat{Y} = b_0 + \sum_{i=1}^{3} b_i x_i + \sum_{i<j}^{3} b_{ij} x_i x_j + \sum_{i=1}^{3} b_{ii} x_i^2 \tag{3-23}$$

式中　　b_0——常数项的系数;

$\quad\quad b_i$——一次项的系数;

$\quad\quad b_{ii}$——二次项的系数;

$\quad\quad b_{ij}$——交互项的系数;

$\quad\quad x_i$——影响因素;

$\quad\quad i,j$——因素的水平。

根据实验的因素和水平,利用 Design-Expert 确定的实验点及实验组合见表 3-2。

表 3-2　实验点及组合情况

标准顺序	实验顺序	开槽长度/mm	开槽宽度/mm	开槽深度/mm
16	1	18.00	6.00	6.00
4	2	16.00	5.00	6.00
12	3	18.00	7.00	8.00
3	4	16.00	7.00	6.00
14	5	18.00	6.00	6.00
15	6	18.00	6.00	6.00

表 3-2(续)

标准顺序	实验顺序	开槽长度/mm	开槽宽度/mm	开槽深度/mm
4	7	20.00	7.00	6.00
13	8	18.00	6.00	6.00
17	9	18.00	6.00	6.00
10	10	18.00	7.00	4.00
5	11	16.00	6.00	4.00
11	12	18.00	5.00	8.00
2	13	20.00	5.00	6.00
7	14	16.00	6.00	8.00
6	15	20.00	6.00	4.00
9	16	18.00	5.00	4.00
8	17	20.00	6.00	8.00

根据表 3-2 中的实验组合,利用 Solidworks 进行参数化模型的修改及再生并提取新模型的流道,按照前面设定的边界条件利用 Fluent 进行仿真实验,得到基于响应值的正交组合编码结果见表 3-3。

表 3-3　实验方案正交组合编码

标准顺序	实验顺序	开槽长度/mm	开槽宽度/mm	开槽深度/mm	流速/(m/s)	压力/MPa
16	1	0	0	0	81.363 9	10.596 3
1	2	−1	−1	0	74.412 3	9.504 41
12	3	0	1	1	92.415 3	11.719 4
3	4	−1	1	0	84.549 9	11.310 3
14	5	0	0	0	81.363 9	10.596 3
15	6	0	0	0	81.363 9	10.596 3
4	7	1	1	0	93.086 5	11.829 4
13	8	0	0	0	81.363 9	10.596 3
17	9	0	0	0	81.363 9	10.596 3
10	10	0	0	−1	83.350 2	11.102 7
5	11	−1	0	−1	78.589 1	9.911 2
11	12	0	−1	1	81.343 2	10.576 3
2	13	1	−1	0	80.790 7	10.413 9
7	14	−1	0	1	82.337 8	11.091 1
6	15	1	0	−1	82.079 4	10.912
9	16	0	−1	−1	72.250 9	9.104 41
8	17	1	0	1	95.301 4	11.933 1

3.5.2 响应面分析模型的确定

Design-Expert 提供了多个方差与可决系数的关联分析模型,以确定回归系数与实验回归模型的关联程度,本书中通过仿真实验得到阀芯的开槽参数与流速、压力之间的方差分析关系及与响应值的多种预测系数分析关系,分别见表 3-4 至表 3-9。

表 3-4 响应值为流速时的综合分析模型

模型类别	P 值	校正 R^2	预测 R^2	结果
线性模型	$<0.000\,1$	0.896 0	0.840 1	—
2FI 模型	0.073 1	0.930 5	0.847 3	—
二次方模型	<0.0001	0.998 1	0.986 6	建议
三次方模型	$<0.000\,1$	1.000 0	—	忽略

表 3-5 响应值为流速时的方差分析模型

模型类别	平方和	自由度	均方值	F 值	Prob>F	结果
均值模型	1.165×10^5	1	1.165×10^5	—	—	—
线性模型	525.95	3	175.32	46.96	<0.0001	—
2FI 模型	23.60	3	7.87	3.15	0.073 1	—
二次方模型	24.46	3	8.15	118.73	$<0.000\,1$	建议
三次方模型	0.48	3	0.16	6.366×10^7	$<0.000\,1$	忽略
残差值	0	4	0	—	—	—
总值	1.171×10^5	17	6 886.97	—	—	—

表 3-6 响应值为流速时可决系数的分析模型

模型类别	标准偏差	R^2	校正 R^2	预测 R^2	预测残差平方和	结果
线性模型	1.93	0.915 5	0.896 0	0.840 1	91.88	—
2FI 模型	1.58	0.956 6	0.930 5	0.847 3	87.70	—
二次方模型	0.26	0.999 2	0.998 1	0.986 6	7.69	建议
三次方模型	0.000	1.000 0	1.000 0	—	—	忽略

表 3-7 响应值为压力时的综合分析模型

模型类别	P 值	校正 R^2	预测 R^2	结果
线性模型	$<0.000\,1$	0.920 1	0.873 2	—
2FI 模型	0.176 2	0.935 2	0.829 9	—
二次方模型	0.000 1	0.994 1	0.959 0	建议
三次方模型	$<0.000\,1$	1.000 0	—	忽略

表 3-8 响应值为压力时方差的分析模型

模型类别	平方和	自由度	均方值	F 值	Prob>F	结果
均值模型	1 956.82	1	1 956.82	—	—	—
线性模型	8.70	3	2.90	62.44	<0.000 1	—
2FI 模型	0.23	3	0.076	2.01	0.176 2	—
二次方模型	0.35	3	0.12	34.54	0.000 1	建议
三次方模型	0.024	3	7.942×10^{-3}	6.366×10^{7}	<0.0001	忽略
残差值	0.000	4	0.000	—	—	—
总值	1 966.12	17	115.65	—	—	—

表 3-9 响应值为压力时可决系数的分析模型

模型类别	标准偏差	R^2	校正 R^2	预测 R^2	预测残差平方和	结果
线性模型	0.22	0.935 1	0.920 1	0.873 2	1.18	—
2FI 模型	0.19	0.959 5	0.935 2	0.829 9	1.58	—
二次方模型	0.058	0.997 4	0.994 1	0.959 0	0.38	建议
三次方模型	0.000	1.000 0	1.000 0	—	—	忽略

通过对表 3-4 至表 3-9 中的方差、可决系数分析可知:在两个响应值的二次方模型中,多重拟合系数(R^2)、修正多重拟合系数(校正 R^2)均大于 0.9,证明模型和实验的相关性较高,模型较为准确;预测多重拟合系数(预测 R^2)均大于 0.8,预测残差平方和最小,证明模型的预测、泛化能力较强,这就说明采用二次方模型进行分析时的可信度较高,因此选择二次方模型作为响应值的分析模型。根据表中的编码数据对回归方程的系数项进行求解[145],设方程中的二次项为 x'_{ji},可利用式(3-24)对其编码的项进行中心化处理:

$$x'_{ji} = x_{ji}^2 - \frac{1}{N}\sum_{i=1}^{N} x_{ji}^2 \tag{3-24}$$

则回归方程中的常数项系数可表示为:

$$b_0 = \frac{1}{n}\sum_{i=1}^{17} y_i = \overline{y} \tag{3-25}$$

其他各项系数可表示为:

$$\begin{cases} b_1 = \dfrac{\sum\limits_{i=1}^{17} x_{1i}y_i}{\sum\limits_{i=1}^{17} x_{1i}^2}, b_2 = \dfrac{\sum\limits_{i=1}^{17} x_{2i}y_i}{\sum\limits_{i=1}^{17} x_{2i}^2}, b_3 = \dfrac{\sum\limits_{i=1}^{17} x_{3i}y_i}{\sum\limits_{i=1}^{17} x_{3i}^2} \\[4mm] b_{11} = \dfrac{\sum\limits_{i=1}^{17} (x_{1i}')y_i}{\sum\limits_{i=1}^{17} (x_{1i}')^2}, b_{12} = \dfrac{\sum\limits_{i=1}^{17} (x_1 x_2)_i y_i}{\sum\limits_{i=1}^{17} (x_1 x_2)_i^2}, b_{13} = \dfrac{\sum\limits_{i=1}^{17} (x_1 x_3)_i y_i}{\sum\limits_{i=1}^{17} (x_1 x_3)_i^2} \\[4mm] b_{22} = \dfrac{\sum\limits_{i=1}^{17} (x_{2i}')y_i}{\sum\limits_{i=1}^{17} (x_{2i}')^2}, b_{23} = \dfrac{\sum\limits_{i=1}^{17} (x_2 x_3)_i y_i}{\sum\limits_{i=1}^{17} (x_2 x_3)_i^2}, b_{33} = \dfrac{\sum\limits_{i=1}^{17} (x_{3i}')y_i}{\sum\limits_{i=1}^{17} (x_{3i}')^2} \end{cases} \tag{3-26}$$

根据式(3-18)至式(3-20)及表中数据可分别得到响应值为流速(Y_1)和压力(Y_2)的响应面函数：

$$Y_1 = 261.270\,30 - 21.583\,97A + 3.086\,50B - 11.956\,17C + 0.269\,77AB + $$
$$0.592\,08AC - 0.003\,4BC + 0.510\,37A^2 - 0.195\,54B^2 + 0.292\,88C^2$$
$$(3\text{-}27)$$

$$Y_2 = 8.768\,32 - 1.712\,77A + 3.322\,79B + 0.748\,02C - 0.048\,799AB - $$
$$0.009\,925AC - 0.106\,90BC + 0.063\,044A^2 - 0.083\,972B^2 + 0.028\,344C^2$$
$$(3\text{-}28)$$

3.5.3　基于响应模型的显著性分析

利用方差分析结果对二次方程模型进行确定后,通过方差来源项的 F 值、Prob$>F$ 及失拟度等检验系数对响应模型的显著性进行分析和评价,流速和压力的显著性结果分别见表 3-10 和表 3-11。

表 3-10　流速模型显著性分析结果

方差来源	平方和	自由度	均方	F 值	Prob$>F$	决策
模型	574.00	9	63.78	928.86	<0.000 1	显著
A	123.00	1	123.00	1 791.38	<0.000 1	＊＊＊
B	248.70	1	248.70	3 622.03	<0.000 1	＊＊＊
C	154.25	1	154.25	2 246.46	<0.000 1	＊＊＊
AB	1.16	1	1.16	16.96	0.004 5	＊＊
AC	22.44	1	22.44	326.75	<0.000 1	＊＊＊
BC	0.000 185	1	0.000 185	0.002 69	0.960 1	＊
A^2	17.55	1	17.55	255.57	<0.000 1	—
B^2	0.16	1	0.16	2.34	0.169 6	—
C^2	5.78	1	5.78	84.16	<0.000 1	—
残差	0.48	7	0.069	—	—	—
失拟度	0.48	3	0.16	—	—	—

注：＊表示显著性等级。

表 3-11　压力模型显著性分析结果

方差来源	平方和	自由度	均方	F 值	Prob$>F$	决策
模型	9.28	9	1.03	302.89	<0.000 1	显著
A	1.34	1	1.34	393.03	<0.000 1	＊＊＊
B	5.06	1	5.06	1 486.81	<0.000 1	＊＊＊
C	2.30	1	2.30	675.76	<0.000 1	＊＊＊
AB	0.038	1	0.038	11.19	0.012 3	＊＊
AC	0.006 304	1	0.006 304	1.85	0.215 7	＊
BC	0.18	1	0.18	53.72	0.000 2	＊＊

表 3-11（续）

方差来源	平方和	自由度	均方	F 值	Prob$>F$	决策
A^2	0.27	1	0.27	78.67	$<0.000\ 1$	—
B^2	0.030	1	0.030	8.72	0.021 3	—
C^2	0.054	1	0.054	15.90	0.005 3	—
残差	0.024	7	0.003 404	—	—	—
失拟度	0.024	3	0.007 942	—	—	—

注：* 表示显著性等级。

由表 3-10 和表 3-11 可知：油槽在交界面处流速的响应面二次回归模型 F 值为928.86，压力的响应面二次回归模型 F 值为 302.89，Prob$>F$ 值，均小于 0.000 1，证明该拟合模型显著性水平较高。流速和压力二次回归模型的失拟度分别为 0.48 和 0.024。此外，由 Prob$>F$ 可判别因素值变化对响应值的影响情况，若小于0.05，则说明该因素影响显著，反之，则不显著。若小于0.01，则说明该因素影响显著性较高。当 Prob$>F$ 不明显时可利用 F 值进行评价。因此可根据表中数据分析开槽长度、开槽宽度和开槽深度对流速影响的显著性由强到弱的顺序为：B、C、A（一次项），AC、AB、BC（交互作用项），A^2、C^2、B^2（二次项）；对压力影响的显著性由强到弱的顺序为：B、C、A（一次项），BC、AB、AC（交互作用项），A^2、C^2、B^2（二次项）。

为了更为直观地对选定模型进行验证，分别以流速、压力的实验数据和模型预测结果为横纵坐标，绘制 (x, y) 散点图，分别如图 3-24(a)、图 3-24(b) 所示。各散点近似直线分布且均位于 $x=y$ 附近，说明模型的拟合效果相对理想。

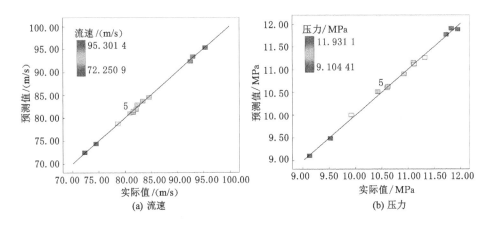

图 3-24　预测值与实际值对比

根据响应值为流速 (Y_1) 和压力 (Y_2) 的响应面函数式（3-27）、式（3-28），可对预测响应值的残差正态概率进行统计，流速和压力的残差正态概率分布情况如图 3-25(a)、图 3-25(b)所示。由两个响应值的残差正态分布情况可知：流速和压力的模型预测值与实验值近似分布于同一条直线附近，说明预测结果可靠。

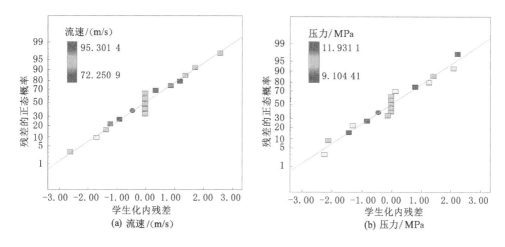

图 3-25 预测模型的残差正态分布

3.5.4 开槽参数交互效应分析

根据求解所得响应函数模型分析各因素值对响应值的交互效应。利用 RSM-BBD 方法进行交互分析的优势如下[146]：

（1）实验次数不会太多，可以对多个因素间可能存在的交互效应进行判别；

（2）所有因素水平不可能同时取最大值或最小值，避免了因素水平取到极值时出现的不理想结果；

（3）在实验设计和执行分析时，考虑了实验模型的随机误差，实验结果相对可靠；

（4）利用数学模型及相关的回归方程、方差分析等方式对结果进行检验，有助于对因素水平交互效应进行准确评估；

（5）实验的分析结果可视化、直观化。利用计算软件输出的等高线图和三维响应曲面图可直观分析多个参数对响应值的交互效应和显著程度。其中，等高线的坡度越大，则响应值受该参数的影响越大。

利用响应面得到交互效应的分析结果如图 3-26 至图 3-29 所示。其中，图 3-26、图 3-27 分别为响应值为流速时的参数交互效应等高线图和三维响应曲面图；图 3-28、图 3-29 分别为响应值为压力时的参数交互效应等高线图和三维响应曲面图。

由图 3-26、图 3-28 中阀芯开槽参数对流速、压力的等高线趋势图可知：当开槽深度为 6 mm 时，开槽长度和宽度交互作用下的流速、压力等高线均随着二者水平的增加逐渐升高，等高线坡度逐渐增大。对比图 3-26(a)和图 3-28(a)，两因素交互作用下流速的等高线坡度大于压力等高线的坡度。因此开槽长度和开槽宽度对流速的影响程度大于对压力的影响程度。开槽深度为 6 mm 时，开槽长度和开槽宽度交互作用下的流速等高线随二者取值的增加呈近似线性上升趋势、等高线坡度呈增大趋势，而压力等高线呈曲线形式，且坡度增加趋势相对流速较小。对比图 3-26(b)和图 3-28(b)，两因素交互作用下流速的等高线坡度也大于压力等高线的坡度。因此开槽长度和开槽深度对流速的影响程度要大于对压力的影响程度。开槽宽度为 6 mm 时，开槽长度和开槽深度交互作用下的流速、压力等高线随二者取值的增加均有上升趋势，等高线坡度呈增大趋势，二者等高线均呈曲线形式，且坡度增加趋

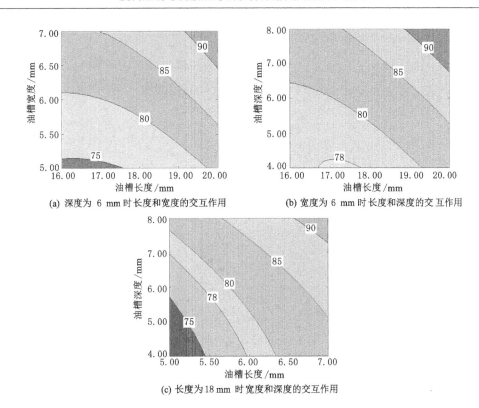

(a) 深度为 6 mm 时长度和宽度的交互作用　　　　(b) 宽度为 6 mm 时长度和深度的交互作用

(c) 长度为 18 mm 时宽度和深度的交互作用

图 3-26　响应值为流速时的参数交互效应等高线图

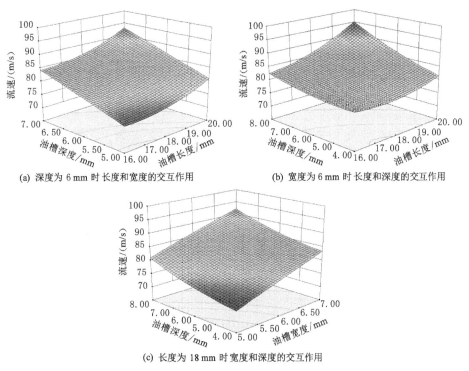

(a) 深度为 6 mm 时长度和宽度的交互作用　　　　(b) 宽度为 6 mm 时长度和深度的交互作用

(c) 长度为 18 mm 时宽度和深度的交互作用

图 3-27　响应值为流速时的参数交互效应 3D 响应曲面

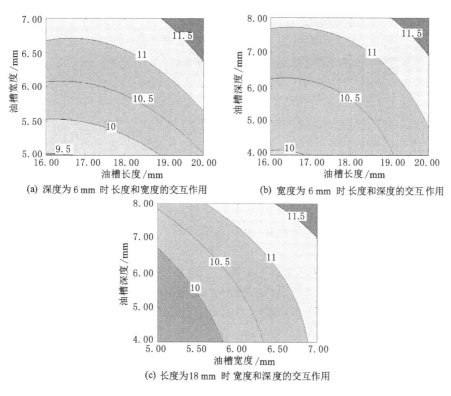

(a) 深度为 6 mm 时长度和宽度的交互作用   (b) 宽度为 6 mm 时长度和深度的交互作用

(c) 长度为18 mm 时 宽度和深度的交互作用

图 3-28　响应值为压力时的参数交互效应等高线图

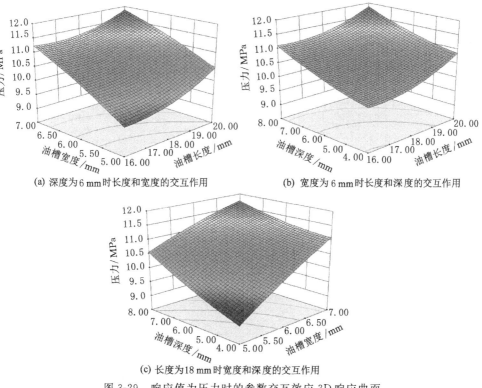

(a) 深度为 6 mm时长度和宽度的交互作用   (b) 宽度为 6 mm时长度和深度的交互作用

(c) 长度为18 mm时宽度和深度的交互作用

图 3-29　响应值为压力时的参数交互效应 3D 响应曲面

势相似。对比图 3-26(c)和图 3-28(c),在开槽长度为 18 mm、开槽宽度为 5.5～6.5 mm、开槽深度为 5～6 mm 时,两个因素交互作用下流速的等高线坡度略微小于压力等高线的坡度。因此开槽长度和开槽深度对流速的影响程度要小于对压力的影响程度。

由图 3-27(a)、图 3-29(a)可知:开槽深度为 6 mm,当开槽宽度较小时,流速和压力均随着开槽长度的增大呈逐渐上升趋势,开槽长度在 18 mm 以后流速和压力的增幅逐渐增大;当开槽宽度增大至 7 mm 时,流速和压力随开槽长度的增大显著上升,相比于开槽宽度为 5 mm 时,流速约提高 16.3%,压力约提高 12.1%。当开槽长度较小时,随着开槽宽度的增大,流速和压力均呈逐渐增大趋势,且增幅近似线性。开槽宽度由 5 mm 增大至 7 mm,流速约提高 23.6%,压力约提高 25.1%。由图 3-27(b)、图 3-29(b)可知:开槽宽度为 6 mm,当开槽深度较小且开槽长度增大时,流速和压力均呈上升趋势。不同的是,当开槽长度为 18 mm 以后,流速的增幅趋势略有增大,而压力增幅较为显著。当开槽深度增大至 8 mm 时,流速和压力均有较大程度的提高,其中流速约提高 15.6%,压力约提高 22.3%。当开槽长度较小且开槽深度增大时,流速呈现小幅度上升趋势,这种趋势在槽深 7 mm 以后略有提高,而压力与深度的增加呈近似正比的方式增长。开槽深度由 4 mm 增大至 8 mm,流速约提高 3.3%,压力约提高 14.3%。由图 3-27(c)和图 3-29(c)可知:开槽长度取值为 18 mm,当开槽宽度较小且开槽深度增大时,流速和压力均呈现近似线性上升的趋势且压力上升幅度较流速时的大。开槽深度由 4 mm 增大至 8 mm 时,流速增幅约为 5.6%,压力增幅约为 9.8%。开槽宽度增大,流速和压力均呈显著上升趋势,开槽宽度由 5 mm 增大至 7 mm,流速约提高 14.8%,压力约提高 22.3%。

根据前述设计的实验方案,可借助实验设计软件通过 DOE-RSM 方法,以旋转控制阀阀口输出压力、流速峰值为优化的综合考察指标,对设计实验点内的开槽参数进行最佳匹配及组合寻优[147],分别得到优化后各参数的最佳匹配组合以及两个响应值的总期望值、综合指标的总期望值,分别如图 3-30 和图 3-31 所示。

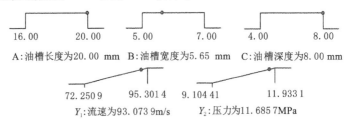

A:油槽长度为20.00 mm B:油槽宽度为5.65 mm C:油槽深度为8.00 mm

Y_1:流速为93.073 9 m/s Y_2:压力为11.685 7 MPa

图 3-30　最佳开槽参数匹配组合斜坡图

由图 3-30 可知:通过对开槽参数最佳匹配和组合寻优后,得到实验区间内最佳的参数组合为:$A=20.00$ mm,$B=5.65$ mm,$C=8.00$ mm,对应的响应值 $Y_1=93.0739$ m/s,$Y_2=11.6857$ MPa。

通过图 3-31 中的最佳参数匹配组合对应的总体期望值可知上述组合情况下两个响应模型的期望值分别为:流速 $Y_1=0.93365$,压力 $Y_2=0.912543$,基于响应面的二次回归方程总体期望值为 0.907 954。期望值均在 0.9 以上,因此可以判定阀芯开槽参数的匹配组合符合要求,预测模型可信[148]。根据所得结果进行重新建模,利用 Fluent 对所得结果进行仿真验证,得到该参数下的流速为 91.073 7 m/s,压力为 10.420 9 MPa。仿真与实验误差分

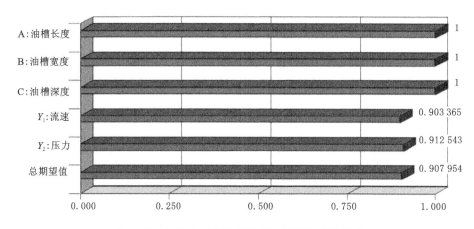

图 3-31 最佳开槽参数对应的期望值及总期望值

别为 2.1%、10.8%。由此可见:利用 DOE-RSM 方法进行阀芯开槽参数的最佳匹配及组合寻优可行[149]。

3.6 本章小结

本章根据结构设计结果及 CFD 基础理论,利用 Solidworks 对旋转控制阀进行三维实体建模,借助 ANSYS/Fluent 平台利用多参考系 MRF 滑移动网格方法对旋转控制阀转动过程中的主要阶段进行流场动态模拟,分析了阀芯油槽不同形状、旋转速度、进/出油口压差条件下的流场压力、流速、射流角及流量的动态特性。根据动态特性最佳的阀芯形状及模拟条件,利用 RSM-BBD 实验设计与 Fluent 数值模拟相结合的方法对影响旋转控制阀工作特性的阀芯开槽参数进行参数匹配和组合寻优,建立了开槽参数交互作用下的二次回归方程、方差分析及可决系数等统计模型。通过对上述模型进行分析、求解,得到了多参数交互作用下的等高线图及 3D 响应曲面,分析了开槽参数对响应指标的交互影响趋势及程度;获得了实验区间内最佳参数的匹配组合并通过期望值证明了结果的可信程度,研究结果为后续的研究提供了优选方案和重要参数支撑。

4 旋转控制电液激振时效系统动态特性研究

前两章分别介绍了电液激振时效系统关键环节的主要组成结构和工作原理,并建立了模型的主要数学方程,分析了阀口形状及工作条件对旋转控制阀输出特性的影响规律,并根据 Fluent-RSM 对旋转控制阀阀芯的开槽参数进行了交互效应分析及最佳参数的匹配和优化。在研究所得结果的基础上,本章将重点分析电液激振时效系统中旋转控制阀的响应特性及阀控激振液压缸的动态特性。

4.1 旋转控制阀响应特性分析

根据第二章分析所得旋转控制阀的受力特性,考虑电动机对旋转控制阀直接驱动[150],得到旋转控制阀的旋转轴及阀芯上的力矩平衡方程。

$$M_0 = J\,\frac{\mathrm{d}^2\theta}{\mathrm{d}t^2} + B\,\frac{\mathrm{d}\theta}{\mathrm{d}t} + K_{\mathrm{w}}\theta \tag{4-1}$$

式中　M_0 ——电动机的输出转矩,N·m;

　　　J ——旋转控制阀及联轴器上的等效转动惯量,kg·m²;

　　　B ——旋转控制阀的等效阻尼系数,N·m/(rad/s);

　　　K_{w} ——旋转控制阀液动力矩的等效系数,N·m;

　　　θ ——旋转控制阀的旋转角度,rad。

电动机对旋转控制阀直接驱动,则旋转控制阀及联轴器上的等效转动惯量 J 可分解为 J_1 和 J_2($J = J_1 + J_2$),其中 J_1 为联轴器输入端的转动惯量,J_2 为旋转控制阀阀芯油槽及阀体内工作介质的等效转动惯量。旋转控制阀的等效阻尼系数 B 可表示为 $B = B_{\mathrm{f}} + B_{\mathrm{t}}$,其中 B_{f} 为阀体、阀芯之间的黏性摩擦系数,B_{t} 为旋转控制阀液动力矩的等效阻尼系数。将式(4-1)进行拉普拉斯变换[151],可得:

$$\frac{\theta}{M_0} = \frac{1}{Js^2 + Bs + K_{\mathrm{w}}} = \frac{1}{K_{\mathrm{w}}} \cdot \frac{1}{\dfrac{s^2}{\omega^2} + \dfrac{2\zeta}{\omega}s + 1} \tag{4-2}$$

式中　ω ——旋转控制阀的固有频率;

　　　ζ ——旋转控制阀的阻尼比。

根据旋转控制阀所受到液动力的驱动作用可知:旋转控制阀的固有频率主要与其等效转动惯量和液动力矩的等效系数有关,则有:

$$\omega = \sqrt{K_\mathrm{w}/J} \tag{4-3}$$

$$\zeta = B/(2\sqrt{K_\mathrm{w} \cdot J}) \tag{4-4}$$

通过四阶 Runge-Kutta 数值解析方法对式(4-1)至式(4-4)分别求解,可得到在阻尼系数、转动惯量及液动力矩等效系数不同的情况下旋转控制阀的阶跃、幅频动态响应特性。参考相关文献[152],设定旋转控制阀的初始等效转动惯量 $J = 1.13\ \mathrm{kg \cdot m^2}$,液动力矩等效系数 $K_\mathrm{w} = 0.5\ \mathrm{N \cdot m}$。当阻尼系数不同时,旋转控制阀的阶跃、幅频响应特性、奈奎斯特曲线及零极点分布情况如图 4-1 所示。

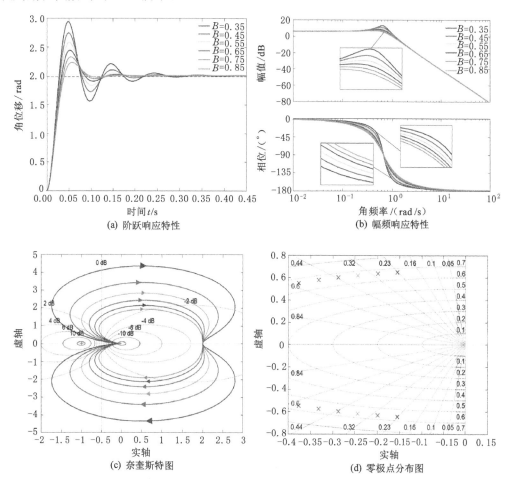

(a) 阶跃响应特性　　　　　　　　(b) 幅频响应特性

(c) 奈奎斯特图　　　　　　　　(d) 零极点分布图

图 4-1　阻尼系数不同时旋转控制阀的动态响应特性

由图 4-1 可知:在阻尼的作用下旋转控制阀经过一定时间的震荡后才趋于稳定,随着阻尼的增大,旋转控制阀的震荡程度减弱,达到稳定值所需的时间缩短,但幅频宽度减小。当阻尼系数 $B = 0.85\ \mathrm{N \cdot m/(rad/s)}$时,旋转控制阀角位移阶跃响应峰值约为 2.93 rad,稳定所需时间约为 0.206 9 s。当阻尼系数 $B = 0.35\ \mathrm{N \cdot m/(rad/s)}$时,旋转控制阀角位移阶跃响应峰值下降至 2.23 rad,稳定所需时间缩短至 0.151 8 s。由图 4-1(c)可知整个曲线不包括$(-1,j_0)$点,由图 4-1(d)可知阀的动态系统没有零点,极点关于实轴对称且全部分布于复平面的左半面。因此可以判断:增大等效阻尼可有效减少旋转控制阀的超调量和震荡,缩短调整时间,提高阀的稳定性,但会损失阀的带宽和响应速度。

当阻尼系数 $B=0.5$ N·m/(rad/s),液动力矩等效系数不变,等效转动惯量取值不同时,旋转控制阀的阶跃、幅频响应特性、奈奎斯特曲线及零极点分布情况如图 4-2 所示。

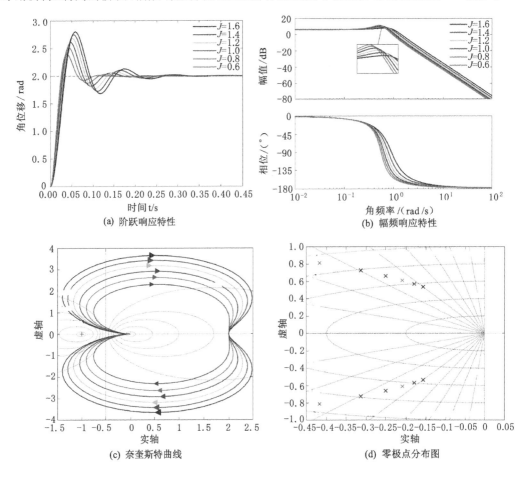

(a) 阶跃响应特性

(b) 幅频响应特性

(c) 奈奎斯特曲线

(d) 零极点分布图

图 4-2　转动惯量不同时旋转控制阀的动态响应特性

由图 4-2 可知:在转动惯量的作用下旋转控制阀经过一定时间的震荡后趋于稳定,随着转动惯量的增大,旋转控制阀的震荡程度加剧,达到稳定值所需的时间变长,幅频宽度略有提高。当转动惯量 $J=1.6$ kg·m² 时,旋转控制阀角位移阶跃响应峰值约为 2.80 rad,稳定所需时间约为 0.324 2 s。当转动惯量 $J=0.6$ kg·m² 时,旋转控制阀角位移阶跃响应峰值下降至 2.34 rad,稳定所需时间缩短至 0.165 8 s。由图 4-2(c)可知整个曲线不包含(-1, j_0)点,由图 4-2(d)可知阀的动态系统没有零点,极点关于实轴对称且全部分布于复平面的左半面。因此可以判断:较大的转动惯量可使得旋转控制阀的超调量和震荡情况加剧,扩大调整时间,使阀的稳定性降低,虽然能使阀的带宽得到提高,但损失了阀的响应速度。

当转动惯量 $J=1.13$ kg·m²,阻尼系数 $B=0.5$ N·m/(rad/s),设定液动力矩等效系数取值不同时,旋转控制阀的阶跃、幅频响应特性、奈奎斯特曲线及零极点分布情况如图 4-3 所示。

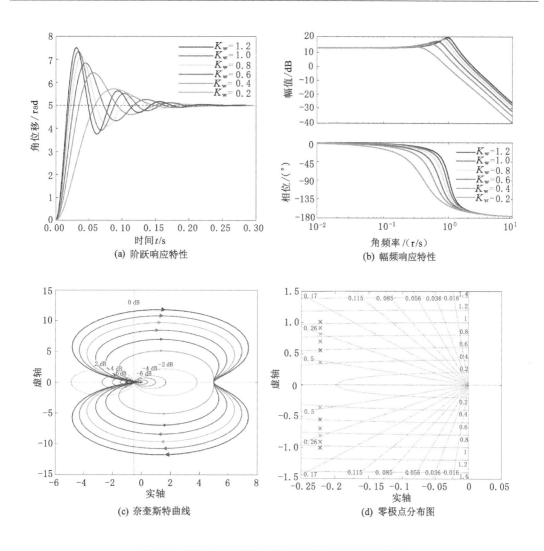

图 4-3　液动力矩不同时旋转控制阀的动态响应特性

由图 4-3 可知:在液动力矩的作用下旋转控制阀存在一定时间的波动,随后趋于稳定,当液动力矩等效系数不同时,旋转控制阀的角位移动态影响特性出现较大差异,随着液动力矩等效系数的增大,旋转控制阀的震荡程度加剧,达到稳定值所耗时间变长,幅频的宽度有较大提升。当液动力矩等效系数 $K_w = 1.2$ N·m 时,旋转控制阀角位移阶跃响应峰值约 7.51 r/min,稳定所需时间约为 0.223 0 s。当液动力矩等效系数 $K_w = 0.2$ N·m 时,旋转控制阀角位移阶跃响应峰值下降至 5.72 r/min,稳定所需时间缩短至 0.204 1 s。由图 4-3(c)可知整个曲线不包含 $(-1, j_0)$ 点,由图 4-3(d)可知阀的动态系统没有零点,极点关于实轴对称且全部分布于复平面的左半面。因此可以判断:旋转控制阀所受液动力矩较大会加剧旋转控制阀的超调和震荡情况,扩大阀的带宽。

根据旋转控制阀在不同阻尼系数、转动惯量、液动力矩作用下的动态响应分析结果,这三个因素对旋转控制阀的工作能力和稳定性有较大影响,其中液动力矩对阀的影响程度最大,阻尼影响程度最小。若要提高阀的响应速度、稳定性及工作带宽,原有结构设计的基础上可通过改变阀芯与阀体之间的接触面积来增大阻尼系数；在不影响阻尼系数的情况下，通过使用高强度、轻量化的阀芯及旋转轴材料可降低转动惯量对阀性能的影响；通过在阀芯阀套上加工阻尼槽对液动力进行补偿，可在一定程度上降低液动力对旋转控制阀性能的影响[153]。

4.2　旋转阀控制激振液压缸系统运动学建模

根据第 2 章中旋转控制阀和激振液压缸的结构原理和数学模型可建立旋转阀控制激振液压缸冲程运动和回程运动时的等效物理模型，如图 4-4 所示。

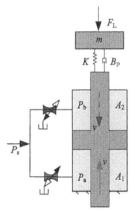

图 4-4　激振液压缸运动模型

当激振液压缸活塞杆上升做冲程运动时，旋转控制阀的高压油口与激振液压缸的 P_a 腔连通，低压油口与 P_b 腔连通。设旋转控制阀及电动机以角速度 ω、周期为 T 进行旋转，旋转控制阀阀芯油槽个数为 N，则激振液压缸的振动周期 $T_g = T/N$，由于旋转控制阀在旋转过程中阀芯开口量与旋转角度 θ 有关，而旋转控制阀角位移与角速度之间的关系为：$\theta = \omega t$，在前半个振动周期内，旋转阀控制激振液压缸活塞杆上升，后半个振动周期内，旋转阀控制激振液压缸活塞杆下降。因此，在一个振动周期内，控制阀旋转过程中的两个工作油口的流量变化情况可根据时间历程表示为如下形式：

$$\begin{cases} Q_a = Nx_r 2R\sin\dfrac{\omega t}{2} \cdot C_d \cdot \sqrt{\dfrac{2(P_s - P_a)}{\rho}} \\[3mm] Q_b = Nx_r 2R\sin\dfrac{\omega t}{2} \cdot C_d \cdot \sqrt{\dfrac{2P_b}{\rho}} \end{cases} \quad (t \in \left[0, \dfrac{1}{4} \cdot \dfrac{T}{N}\right]) \qquad (4\text{-}5)$$

$$\begin{cases} Q_a = Nx_r 2R\sin\dfrac{2\alpha - \omega t}{2} \cdot C_d \cdot \sqrt{\dfrac{2(P_s - P_a)}{\rho}} \\[3mm] Q_b = Nx_r 2R\sin\dfrac{2\alpha - \omega t}{2} \cdot C_d \cdot \sqrt{\dfrac{2P_b}{\rho}} \end{cases} \quad (t \in \left[\dfrac{1}{4} \cdot \dfrac{T}{N}, \dfrac{2}{4} \cdot \dfrac{T}{N}\right]) \qquad (4\text{-}6)$$

$$\begin{cases} Q_a = Nx_r 2R\sin\dfrac{\omega t}{2} \cdot C_d \cdot \sqrt{\dfrac{2P_a}{\rho}} \\[3mm] Q_b = Nx_r 2R\sin\dfrac{\omega t}{2} \cdot C_d \cdot \sqrt{\dfrac{2(P_s - P_b)}{\rho}} \end{cases} \quad (t \in \left[\dfrac{2}{4} \cdot \dfrac{T}{N}, \dfrac{3}{4} \cdot \dfrac{T}{N}\right]) \qquad (4\text{-}7)$$

$$\begin{cases} Q_a = Nx_r 2R\sin\dfrac{2\alpha - \omega t}{2} \cdot C_d \cdot \sqrt{\dfrac{2P_a}{\rho}} \\ Q_b = Nx_r 2R\sin\dfrac{2\alpha - \omega t}{2} \cdot C_d \cdot \sqrt{\dfrac{2(P_s - P_b)}{\rho}} \end{cases} \quad (t \in [\dfrac{3}{4} \cdot \dfrac{T}{N}, \dfrac{4}{4} \cdot \dfrac{T}{N}]) \quad (4\text{-}8)$$

根据旋转控制阀在一个振动周期内的油口流量方程及式(2-36)至式(2-43)可列出各个时间段内的激振液压缸流量、力平衡方程:

$$\begin{cases} Nx_r 2R\sin\dfrac{\omega t}{2} \cdot C_d \cdot \sqrt{\dfrac{2(P_s - P_a)}{\rho}} = \dfrac{\mathrm{d}y}{\mathrm{d}t} \cdot A_P + \dfrac{V_1}{B_e} \cdot \dfrac{\mathrm{d}P_a}{\mathrm{d}t} + C_{tc} \cdot P_a \\ Nx_r 2R\sin\dfrac{\omega t}{2} \cdot C_d \cdot \sqrt{\dfrac{2P_b}{\rho}} = \dfrac{\mathrm{d}y}{\mathrm{d}t} \cdot A_P - \dfrac{V_2}{B_e} \cdot \dfrac{\mathrm{d}P_b}{\mathrm{d}t} - C_{tc} \cdot P_b \quad (t \in [0, \dfrac{1}{4} \cdot \dfrac{T}{N}]) \\ A_p(P_a - P_b) = m\dfrac{\mathrm{d}^2 y}{\mathrm{d}t} + B_p \cdot \dfrac{\mathrm{d}y}{\mathrm{d}t} + Ky + F_L \end{cases}$$

$$(4\text{-}9)$$

$$\begin{cases} Nx_r 2R\sin\dfrac{2\alpha - \omega t}{2} \cdot C_d \cdot \sqrt{\dfrac{2(P_s - P_a)}{\rho}} = \dfrac{\mathrm{d}y}{\mathrm{d}t} \cdot A_P + \dfrac{V_1}{B_e} \cdot \dfrac{\mathrm{d}P_a}{\mathrm{d}t} + C_{tc} \cdot P_a \\ Nx_r 2R\sin\dfrac{2\alpha - \omega t}{2} \cdot C_d \cdot \sqrt{\dfrac{2P_b}{\rho}} = \dfrac{\mathrm{d}y}{\mathrm{d}t} \cdot A_P - \dfrac{V_2}{B_e} \cdot \dfrac{\mathrm{d}P_b}{\mathrm{d}t} - C_{tc} \cdot P_b \quad (t \in [\dfrac{1}{4} \cdot \dfrac{T}{N}, \dfrac{2}{4} \cdot \dfrac{T}{N}]) \\ A_p(P_a - P_b) = m\dfrac{\mathrm{d}^2 y}{\mathrm{d}t} + B_p \cdot \dfrac{\mathrm{d}y}{\mathrm{d}t} + Ky + F_L \end{cases}$$

$$(4\text{-}10)$$

$$\begin{cases} Nx_r 2R\sin\dfrac{\omega t}{2} \cdot C_d \cdot \sqrt{\dfrac{2(P_s - P_b)}{\rho}} = \dfrac{\mathrm{d}y}{\mathrm{d}t} \cdot A_P + \dfrac{V_2}{B_e} \cdot \dfrac{\mathrm{d}P_b}{\mathrm{d}t} + C_{tc} \cdot P_b \\ Nx_r 2R\sin\dfrac{\omega t}{2} \cdot C_d \cdot \sqrt{\dfrac{2P_a}{\rho}} = \dfrac{\mathrm{d}y}{\mathrm{d}t} \cdot A_P - \dfrac{V_1}{B_e} \cdot \dfrac{\mathrm{d}P_a}{\mathrm{d}t} - C_{tc} \cdot P_a \quad (t \in [\dfrac{2}{4} \cdot \dfrac{T}{N}, \dfrac{3}{4} \cdot \dfrac{T}{N}]) \\ A_p(P_b - P_a) = m\dfrac{\mathrm{d}^2 y}{\mathrm{d}t} + B_p \cdot \dfrac{\mathrm{d}y}{\mathrm{d}t} + Ky + F_L \end{cases}$$

$$(4\text{-}11)$$

$$\begin{cases} Nx_r 2R\sin\dfrac{2\alpha - \omega t}{2} \cdot C_d \cdot \sqrt{\dfrac{2(P_s - P_b)}{\rho}} = \dfrac{\mathrm{d}y}{\mathrm{d}t} \cdot A_P + \dfrac{V_2}{B_e} \cdot \dfrac{\mathrm{d}P_b}{\mathrm{d}t} + C_{tc} \cdot P_b \\ Nx_r 2R\sin\dfrac{2\alpha - \omega t}{2} \cdot C_d \cdot \sqrt{\dfrac{2P_a}{\rho}} = \dfrac{\mathrm{d}y}{\mathrm{d}t} \cdot A_P - \dfrac{V_1}{B_e} \cdot \dfrac{\mathrm{d}P_a}{\mathrm{d}t} - C_{tc} \cdot P_a \quad (t \in [\dfrac{3}{4} \cdot \dfrac{T}{N}, \dfrac{4}{4} \cdot \dfrac{T}{N}]) \\ A_p(P_b - P_a) = m\dfrac{\mathrm{d}^2 y}{\mathrm{d}t} + B_p \cdot \dfrac{\mathrm{d}y}{\mathrm{d}t} + Ky + F_L \end{cases}$$

$$(4\text{-}12)$$

式(4-5)至式(4-12)中,各变量含义与第2章相同。

根据激振液压缸的密封结构和工作要求,忽略激振液压缸运动时的泄漏及附加外力,将式(4-7)至式(4-12)进行拉普拉氏变换,并结合式(2-20)中阀的线性化方程,得到阀控缸的拉普拉氏变换后的状态方程为:

$$q_L = Q_a - Q_b = K_q \Delta\theta - K_c \Delta P_L \quad (4\text{-}13)$$

$$q_L = A_P sy + \dfrac{V_t}{4\beta_e} sP_L \quad (4\text{-}14)$$

$$A_{\mathrm{p}}P_{\mathrm{L}} = ms^2 y + B_{\mathrm{p}} sy + Ky \tag{4-15}$$

其中,式(4-15)又可以改写成如下两种形式:

$$y = \left[q_{\mathrm{L}} - \left(\frac{V_{\mathrm{t}}}{4\beta_{\mathrm{e}}} \right) P_{\mathrm{L}} \right] / A_{\mathrm{p}} s \tag{4-16}$$

$$P_{\mathrm{L}} = \left(q_{\mathrm{L}} - A_{\mathrm{P}} sy \right) / \left(\frac{V_{\mathrm{t}}}{4\beta_{\mathrm{e}}} s \right) \tag{4-17}$$

式(4-17)又可以改写成如下形式:

$$y = \left(P_{\mathrm{L}} A_{\mathrm{p}} \right) / \left(ms^2 + B_{\mathrm{p}} s + K \right) \tag{4-18}$$

$$P_{\mathrm{L}} = \frac{1}{A_{\mathrm{p}}} \left[\left(ms + B_{\mathrm{p}} \right) \dot{y} + Ky \right] \tag{4-19}$$

由式(4-14)、式(4-16)和式(4-18)可建立由负载流量获得活塞位移的旋转阀控制激振液压缸的系统方块图,如图 4-5 所示。

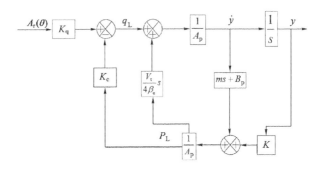

图 4-5　由旋转控制阀流量获得液压缸位移时的阀控缸方块图

图 4-5 中,前向通路由旋转控制阀的角位移 $A_{\mathrm{r}}(\theta)$ 指向激振液压缸的位移 y,代表激振液压缸的位移通过旋转控制阀角位移的变化传递至阀的负载流量。由图上关系可知该模型中的质量环节对激振液压缸的输出有一定的影响,因此适用于质量相对不大、动态响应特性快的工况。

同理,由式(4-15)、式(4-17)和式(4-19)可建立由负载压降获得活塞位移的旋转阀控制激振液压缸的系统方块图,如图 4-6 所示。

与图 4-5 相似,在图 4-6 中当以旋转阀的角位移 $A_{\mathrm{r}}(\theta)$ 为输入量,以激振液压缸的位移 y 为输出量时,系统传递函数适用于质量较大、动态特性相对缓慢的工况。

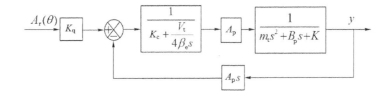

图 4-6　由旋转控制阀压降获得液压缸位移时的阀控缸方块图

将图 4-5 和图 4-6 联合变换,获得以旋转控制阀角位移 $A_{\mathrm{r}}(\theta)$ 为输入量时激振液压缸活塞杆上总的输出位移 y 可改写成如下状态方程：

$$\frac{y}{A_r(\theta)} = \cfrac{K_q \cdot \cfrac{1}{A_p s}}{1 + \cfrac{1}{A_p^2}K_c(ms + B_p) + \cfrac{V_t s}{4\beta_e A_p^2}(ms + B_p) + \cfrac{KK_c}{A_p^2} + \cfrac{\cfrac{KV_t}{4\beta_e}s}{A_p^2 s}}$$

$$= \cfrac{K_q \cdot \cfrac{1}{A_p}}{\cfrac{V_t m}{4\beta_e A_p^2}s^3 + \left(\cfrac{mK_c}{A_p^2} + \cfrac{B_p V_t}{4\beta_e A_p^2}\right)s^2 + \left(1 + \cfrac{B_p K_c}{A_p^2} + \cfrac{KV_t}{4\beta_e A_p^2}\right)s + \cfrac{KK_c}{A_p^2}} \quad (4-20)$$

在建模假设条件下，由于没有外力干扰，可对式(4-20)进行简化：由黏性摩擦引起的激振液压缸活塞速度变化相对较小，可得到旋转阀控制激振液压缸在指令输入为旋转阀角位移 $A_r(\theta)$ 时的综合传递函数为：

$$y = A_r(\theta)\cfrac{K_q/A_p}{s\left(\cfrac{s^2}{\omega_h^2} + \cfrac{2\zeta_h}{\omega_h}s + 1\right)} \quad (4-21)$$

由式(4-21)可知：旋转阀控制激振液压系统的传递函数与典型液压系统中阀控缸的传递函数相似，但不同之处是输入指令旋转控制阀的角位移 $A_r(\theta)$ 为非线性。

4.3　旋转阀控制激振液压缸系统动态特性分析

根据上文建立的旋转阀控制激振液压缸状态函数，可利用 MATLAB/Simulink 构造阀控缸的仿真模型。利用 Simulink 搭建阀控缸模型时，由式(4-21)可知旋转控制阀部分的仿真模型并不是线性的，而是关于时间的分段函数，每段函数之间的输入和输出又是连续的，因此需要利用 Switch 函数进行分段指令，当仿真时间满足 $t \in [0, T/4N]$ 时，运行旋转控制阀面积变化的第一个阶段；满足 $t \in [T/4N, T/2N]$ 时，运行旋转控制阀面积变化的第二个阶段。满足 $t \in [T/2N, 3T/4N]$ 和 $t \in [3T/4N, T/N]$ 时，分别运行旋转控制阀面积变化的第三个和第四个阶段。其中，前两个阶段为旋转控制阀通过高压油口向激振液压缸 P_a 腔供液，P_b 腔液体通过控制阀的低压油口返回油箱；后两个阶段为旋转控制阀的两个工作油口的配流功能发生变化，改变激振液压缸两腔的液体压力分布情况，迫使活塞杆的运动方向发生改变，旋转控制阀在第一个和第三个阶段内的通流面积变化情况相同；第二个和第四个阶段通流面积变化情况相同。对旋转阀控制激振液压缸的状态函数进行 Simulink 建模，整体仿真模型如图 4-7 所示。

图 4-7 中，Subsystem 为旋转控制阀向激振液压缸输入高压油液时的函数子模型；Subsystem3 为激振液压缸通过旋转控制阀回油时的函数子模型；Subsystem2 为激振液压缸运动方程模型，具体形式分别如图 4-8 至图 4-10 所示。

根据上述仿真模型及旋转控制阀、激振液压缸的实际结构和工作条件，设定旋转阀控制激振液压缸的主要模拟参数见表 4-1。

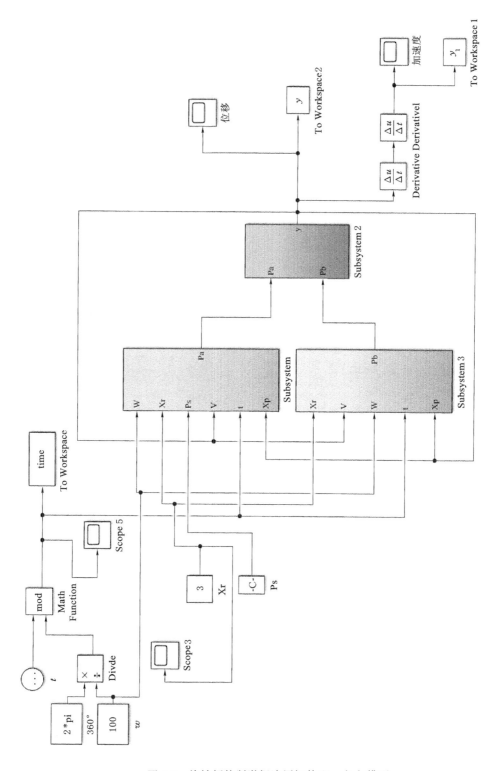

图 4-7　旋转阀控制激振液压缸的 Simulink 模型

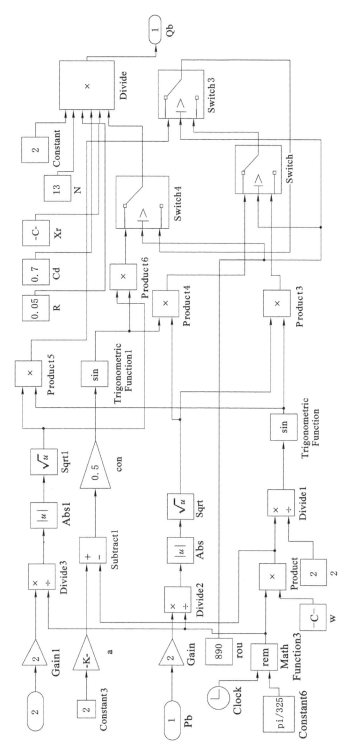

图4-8　旋转控制阀向激振液压缸输入高压油液仿真子模型

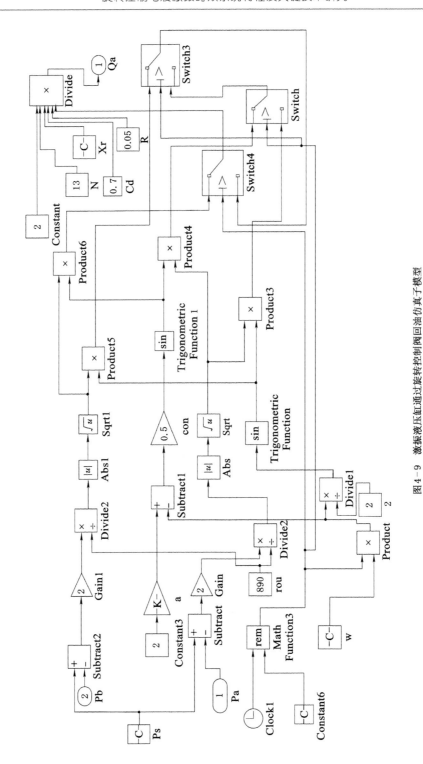

图 4 - 9 激振液压缸通过旋转控制阀回油仿真子模型

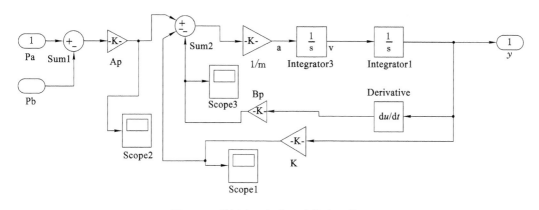

图 4-10　激振液压缸的运动仿真子模型

表 4-1　Simulink 模拟的主要参数

名称	符号	数值	单位
油源压力	P_s	15	MPa
旋转控制阀半径	R	0.05	m
阀体油口长度	x_r	8.2×10^{-3}	m
电动机频率	w	100	Hz
液压油密度	ρ	890	kg/m³
液压油弹性模量	β_e	750	MPa
活塞的有效作用面积	A_p	5.74×10^{-3}	m²
激振液压缸的总压缩体积	V_t	1.95×10^{-4}	m³
负载加活塞杆的等效质量	m	30	kg

4.3.1　油槽数量对阀控缸激振特性的影响

旋转阀控制激振液压缸的动态特性观测变量主要有激振液压缸的位移、加速度。以矩形阀芯,开槽参数为 20 mm、5.65 mm、8 mm 的旋转控制阀为例,采用 Dormand-Prince 法进行数值模拟,得到油源压力 15 MPa、阀芯半径 50 mm、等效质量 30 kg、阀体油口长度 8.2 mm 条件下,油槽数量不同时,旋转阀控制液压缸的动态特性如图 4-11 所示。

由图 4-11 可知:液压缸的激振位移和激振加速度均随着时间历程呈现先上升后下降的趋势,不同之处是液压缸激振加速度出现周期性波动并且在峰值处出现尖点,出现这种现象与系统阻尼、弹性及油口突然换向有关[154]。由液压缸的激振位移特性可以近似判断电液激振时效系统的激振波形近似为正弦波。其他工作参数不变时,随着旋转控制阀油槽数量增加,单位时间内阀的工作次数也随之增加,被控液压缸激振位移和激振加速度峰值呈现下降趋势。提取图 4-11 中特性曲线的峰值进行定量分析,可得到如图 4-12 所示油槽数量与各激振特性峰值的关系。

由图 4-12 可知:当油槽数量 $N = 11$ 时,激振位移峰值为 1.012 1 mm,激振加速度峰值为 355.789 5 m/s²;当 $N = 13$、15 时,激振位移峰值分别为 0.702 3 mm、0.541 5 mm;激振加速度峰值分别为 276.105 1 m/s²、210.526 4 m/s²。随着油槽数量的增加,激振位移、激

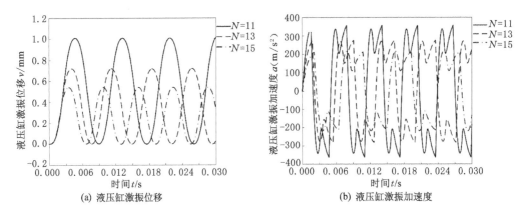

(a) 液压缸激振位移　　　　　　　　(b) 液压缸激振加速度

图 4-11　油槽数量不同时阀控缸的动态特性

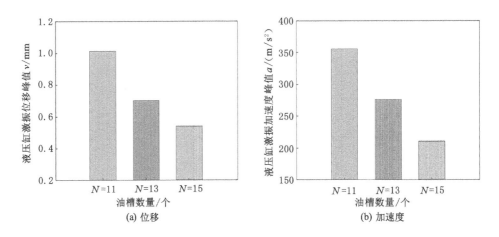

(a) 位移　　　　　　　　　　(b) 加速度

图 4-12　油槽数量不同时的激振特性峰值

振加速度的峰值分别下降了 86.91%、68.39%。

4.3.2　阀体油口长度对阀控缸动态特性的影响

由旋转阀控制激振液压缸环节的工作原理可知:旋转控制阀在工作时输出的油液流量受阀芯开槽参数和阀体油口的轴向长度共同作用,而开槽参数对系统的影响在前面的分析中已经给出,为了分析阀体油口轴向长度 x_r 对旋转阀控制激振液压缸系统动态特性的影响规律,设定仿真的油源压力、阀芯半径、油槽数量等条件与前一节相同,分别得到阀体油口不同长度时的阀控缸系统动态特性曲线,如图 4-13 所示。

由图 4-13 可知:在设定仿真工况下,随着旋转控制阀阀体油口长度的增加,液压缸的激振位移和激振加速度均呈上升趋势。根据图 2-5(a)中旋转控制阀通流等效模型可知:出现这样的现象是由于在相同工况下,阀体油口越长旋转控制阀的通流截面积越大,在单位时间内向激振液压缸输入的液体体积增大,使得激振液压缸活塞所受到的激振力增大。提取图 4-13 中特性曲线的峰值进行定量分析,可得到如图 4-14 所示旋转控制阀阀体油口长度与阀控缸系统各激振特性峰值之间的关系。

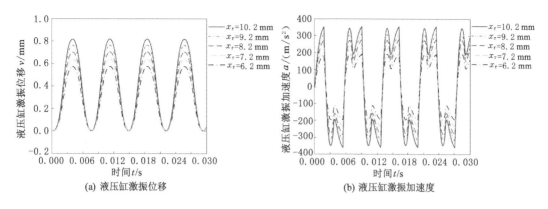

图 4-13　阀体油口长度不同时阀控缸的动态特性

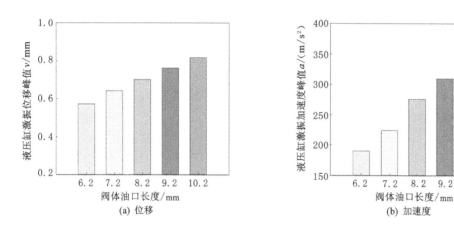

图 4-14　阀体油口长度不同时的激振特性峰值

由图 4-14 可知：当阀体油口长度 $x_r = 6.2$ mm 时，激振位移峰值为 0.572 3 mm，激振加速度峰值为 190.071 4 m/s²；当阀体油口长度 $x_r = 7.2$ mm 时，激振位移峰值为 0.641 4 mm，激振加速度峰值为 224.357 1 m/s²；当阀体油口长度 $x_r = 8.2$ mm 时，激振位移峰值为 0.702 3 mm；激振加速度峰值为 276.105 1 m/s²；当阀体油口长度 $x_r = 9.2$ mm 时，激振位移峰值为 0.762 6 mm，激振加速度峰值为 309.802 5 m/s²；当阀体油口长度 $x_r = 10.2$ mm 时，激振位移峰值为 0.817 9 mm，激振加速度峰值为 352.468 3 m/s²。随着阀体油口长度的增大，激振位移、激振加速度的峰值分别增大了 30.03%、46.07%。

4.3.3　阀芯半径对阀控缸动态特性的影响

根据旋转控制阀的响应特性分析结果可知：转动惯量对旋转控制阀的工作能力有很大的影响，而旋转控制阀的半径对阀体转动件的转动惯量具有决定性影响。为了分析旋转控制阀阀芯半径对阀控缸动态特性的影响，设定仿真的油源压力、油槽数量、阀体油口长度等与前节相同，分别得到旋转控制阀阀芯半径不同时阀控缸的动态特性曲线，如图 4-15 所示。

由图 4-15 可知：在设定仿真工况下，随着旋转控制阀阀芯半径的增大，液压缸的激振位移和激振加速度上升趋势明显。根据旋转控制阀的结构、数学模型可知：其他条件不变时，

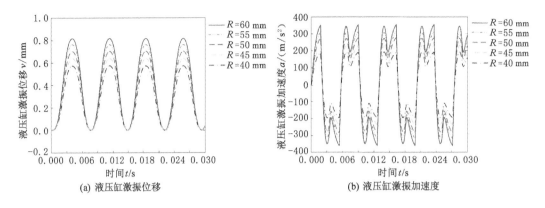

(a) 液压缸激振位移   (b) 液压缸激振加速度

图 4-15 阀芯半径不同时阀控缸的动态特性

阀芯半径的增大会延长旋转控制阀在单位时间内与出油口接通时的弧长,增大旋转控制阀的通流截面积,提高了向激振液压缸输入的液体体积,使得激振液压缸活塞所受到的液压力得到提高。而增大阀芯直径造成模拟结果的不同之处:在激振加速度仿真结果中出现的波动情况随着阀芯半径的增加逐渐增大,这表明增大阀芯半径虽然能提高系统的工作宽度但会使得系统出现较大的波动,出现冗余振动问题,加剧输出波形的失真,影响波形的可靠性和准确性。提取图 4-15 中特性曲线的峰值进行定量分析,可得到如图 4-16 所示旋转控制阀阀芯半径与阀控缸系统各激振特性峰值之间的关系。

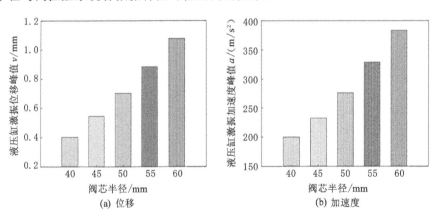

(a) 位移   (b) 加速度

图 4-16 阀芯半径不同时的激振特性峰值

由图 4-16 可知:当阀芯半径分别为 40 mm、45 mm、50 mm、55 mm、60 mm 时,激振位移峰值分别为 0.401 1 mm、0.543 3 mm、0.702 3 mm、0.883 2 mm、1.076 6 mm,激振加速度峰值分别为 200.024 4 m/s^2、232.421 1 m/s^2、276.105 1 m/s^2、328.547 4 m/s^2、383.364 2 m/s^2。随着旋转控制阀阀芯半径的增大,激振位移、激振加速度的峰值分别增大了 62.74%、47.82%。同时,增大阀芯半径造成的激振加速度波动平均增大幅度约为 7.26%。

4.3.4   液压缸活塞面积对阀控缸动态特性的影响

激振液压缸作为该系统中的执行环节,主要通过活塞杆的往复运动实现激振特征的产生和输出,而活塞杆是唯一的动力传递机构,分析活塞杆结构特征对阀控缸动态特性的影响趋势就很有必要[155]。活塞杆的受力位置为活塞两个端面,活塞的有效工作面积由活塞直径和活塞杆直径共同决定。控制其他仿真参数与前节相同,通过仿真得到激振液压缸活塞有效作用面积不同时阀控缸的动态特性曲线,如图 4-17 所示。

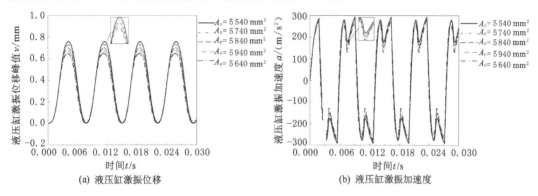

图 4-17   活塞有效作用面积不同时阀控缸的动态特性

由图 4-17 可知:在设定仿真工况下,随着激振液压缸活塞的有效作用面积 A_p 的增大,忽略因活塞面积增大导致液压缸所受阻尼力的变化,液压缸的激振位移和激振加速度呈幅值衰减、相位滞后的趋势。分别取图中激振位移第二个波段的峰值来分析相位滞后情况。当活塞面积 $A_p = 5\ 540\ mm^2$ 时,激振位移达到峰值的时间约为 11.41 ms,活塞面积 $A_p = 5\ 640\ mm^2$ 时,激振位移达到峰值的时间约为 11.34 ms。活塞面积 $A_p = 5\ 740\ mm^2$ 时,激振位移达到峰值的时间约为 11.28 ms。活塞面积 $A_p = 5\ 840\ mm^2$ 时,激振位移达到峰值的时间约为 11.18 ms。活塞面积 $A_p = 5\ 940\ mm^2$ 时,激振位移达到峰值的时间约为 11.12 ms。由此可见:液压缸活塞面积由 5 540 mm² 增大至 5 940 mm² 时,激振位移波形达到峰值的时间缩短了约 0.29 ms,相位滞后了约 2.61%。提取图 4-17 中特性曲线的峰值进行定量分析,可得到旋转控制阀阀芯半径与阀控缸系统激振特性峰值之间的关系,如图 4-18 所示。

由图 4-18 可知:当液压缸活塞有效作用面积 $A_P = 5\ 540\ mm^2$ 时,激振位移峰值为 0.756 8 mm,激振加速度峰值为 290.684 4 m/s²;当液压缸活塞的有效作用面积 $A_P = 5\ 640\ mm^2$ 时,激振位移峰值为 0.728 4 mm,激振加速度峰值为 282.196 2 m/s²;当液压缸活塞有效作用面积 $A_P = 5\ 740\ mm^2$ 时,激振位移峰值为 0.702 3 mm,激振加速度峰值为 276.105 1 m/s²;当液压缸活塞有效作用面积 $A_P = 5\ 840\ mm^2$ 时,激振位移峰值为 0.674 1 mm,激振加速度峰值为 268.976 5 m/s²;当液压缸活塞有效作用面积 $A_P = 5\ 940\ mm^2$ 时,激振位移峰值为 0.649 4 mm,激振加速度峰值为 260.394 5 m/s²。随着液压缸活塞有效作用面积的增大,激振位移、激振加速度的峰值分别下降 16.54%、11.63%。

4.3.5   等效质量对阀控缸动态特性的影响

电液激振时效系统的主要目的是带动一定的负载进行简谐振动,负载通过一定时间的

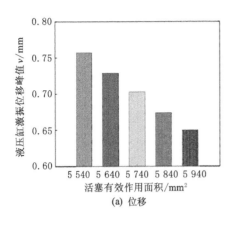 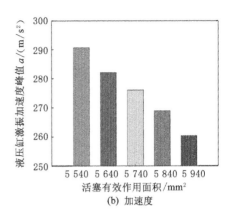

(a) 位移　　　　　　　　　　　　　　(b) 加速度

图 4-18　活塞有效作用面积不同时的激振特性峰值

受迫振动可以在一定程度上使得因机械加工造成的残余应力得到均化甚至消除。在实际运行过程中，电液激振时效系统的工作宽度应适应不同质量的负载，因此激振液压缸的主要运动部件活塞杆及负载质量对整个系统的振动特性具有较大的影响。为了分析负载及液压缸活塞杆的综合等效质量对系统动态特性的影响规律及程度，控制其他仿真参数不变，设定旋转控制阀的油槽数量为 13，电动机频率为 100 Hz，油源压力为 15 MPa 条件下，阀体油口长度为 8.2 mm，阀芯半径为 50 mm，分别取等效质量为 20 kg、25 kg、30 kg、35 kg、40 kg 的工况进行仿真模拟，得到等效质量不同时阀控缸的动态特性曲线，如图 4-19 所示。

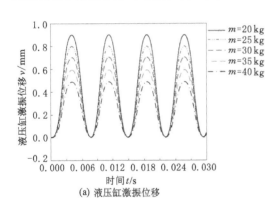 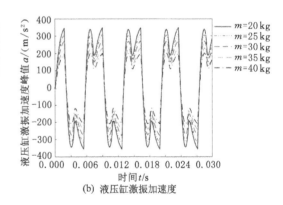

(a) 液压缸激振位移　　　　　　　　　　(b) 液压缸激振加速度

图 4-19　等效质量不同时阀控缸的动态特性

由图 4-19 可知：在设定仿真工况下，随着激振液压缸及负载等效质量 m 的增大，忽略因质量增大引起的阻尼力变化，液压缸的激振位移、激振加速度均呈幅值衰减的趋势。由系统的结构及数学模型可知：其他仿真条件不变则单位时间内的液压驱动力不变，当等效质量逐渐增大时，驱动力所受由质量派生的阻力（即负载阻力）逐渐增大，导致系统激振特性呈衰减趋势。提取图 4-19 中特性曲线的峰值进行定量分析，可得到如图 4-20 所示等效质量与阀控缸系统各激振特性峰值之间的关系。

由图 4-20 可知：当等效质量分别为 20 kg、25 kg、30 kg、35 kg、40 kg 时，激振位移峰值分别为 0.900 3 mm、0.804 0 mm、0.702 3 mm、0.595 3 mm、0.487 6 mm，激振加速度峰值分别为

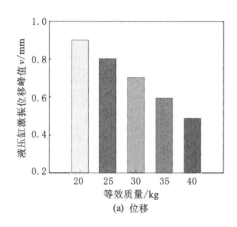
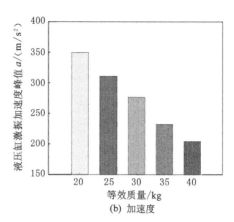

图 4-20 等效质量不同时的激振特性峰值

349.071 4 m/s²、310.714 3 m/s²、276.105 1 m/s²、232.142 9 m/s²、201.425 7 m/s²。随着液压缸及负载的等效质量的增大,激振位移、激振加速度的峰值分别下降 45.84%、42.293%。

4.4　本章小结

本章根据旋转控制阀的受力情况和阀控缸的激振原理,分别建立了旋转控制阀的力学模型和旋转阀控制激振液压缸的数学模型。

首先,利用旋转控制阀的力学模型,基于液动力分析推导出了旋转控制阀的动力学方程并通过 MATLAB 对旋转控制阀的动态响应特性及稳定性进行数值模拟,分析了阻尼系数、转动惯量、液动力矩等效系数对旋转控制阀动态响应特性及稳定性的影响规律。研究结果表明:阻尼系数、转动惯量、液动力矩等效系数对旋转控制阀的响应特性和稳定性有较大影响,其中液动力矩等效系数对阀的影响程度最大,阻尼系数对阀的影响程度最小。研究结果可为提高旋转控制阀的响应速度、稳定性及工作带宽提供基础数据。

其次,利用建立的旋转阀控制激振液压缸的数学模型分别推导出旋转控制阀旋转过程中激振液压缸的激振状态特征函数,通过 MATLAB/Simulink 建立了旋转阀控制液压缸的激振特性仿真模型,以旋转控制阀油槽数量、阀体油口长度、阀芯半径、激振液压缸活塞面积、活塞及负载等效质量为工况变量,通过 Dormand-Prince 数值模拟得到了阀控缸的动态特性曲线,分析了工况变量对激振特性的影响程度和变化规律。

仿真结果表明:

(1) 旋转控制阀阀芯油槽数量的增加会使被控液压缸的激振位移、激振加速度下降且油槽数量对激振位移的影响最为显著。

(2) 旋转控制阀阀体油口长度的增加会使被控液压缸的激振位移、激振加速度上升,其中阀体油口长度对激振加速度涨幅的影响最大。

(3) 旋转控制阀阀芯半径的增加会使得被控液压缸的激振位移、激振加速度显著上升;同时,增大阀芯半径会增大旋转控制阀的转动惯量和阻尼,造成激振加速度的波动,且这种波动随着阀芯半径的增大越来越显著。

（4）液压缸活塞有效作用面积的增大会使被控液压缸的激振位移、激振加速度呈幅值衰减、相位滞后的趋势；在取样时间内激振波形峰值的幅度衰减了 14.2%，相位滞后了约 2.61%。

（5）增加液压缸活塞及负载的等效质量使得被控液压缸的激振位移、激振加速度均呈衰减趋势，且等效质量越大衰减越严重。研究结果可为旋转控制阀及激振液压缸的加工、制造提供基础数据和规律参考。

5　旋转控制电液激振时效系统负载激振过程振动特性研究

第 4 章利用 MATLAB/Simulink 分析了旋转控制阀和激振液压缸的基本结构参数对电液激振时效系统阀控缸环节动态特性的影响趋势,但阀控缸环节仅是电液激振时效系统的主要组成部分,整个系统的实际运行离不开其他元件的参与,如蓄能器、管路等组件,而这些元件往往对液压系统造成一定程度的影响[156]。对电液激振时效系统进行整机振动分析时,由于蓄能器、管路及辅助环节的非线性、时变性、多因素交互耦合问题都可能对系统振动特性造成影响,而 MATLAB/Simulink 虽然能够完成相应的建模仿真工作,但是对数学模型的推导有较高的要求,特别是在模拟管路方面具有一定的局限性[157]。因此,本章采用液压领域公认的 AMESim 平台及键合图理论,对电液激振时效系统进行整机建模并进行负载激振过程的振动特性分析。

5.1　基于键合图理论的电液激振时效系统 AMESim 建模

根据系统总体结构总成可知电液激振时效系统是一个功率传递的典型液压系统,其核心环节为旋转控制阀对激振液压缸的交替配油运动。考虑工作管路对系统的影响,可得到电液激振时效系统负载激振过程的简化液压原理,如图 5-1 所示。

根据图 5-1 所示各部分连接情况,可利用功率键合图理论的因果关系及功率流变原则对该系统进行 AMESim 建模[158]。

5.1.1　旋转控制阀键合图及 AMESim 模型

根据旋转控制阀的结构和配油功能,在一个工作周期内,设阻性元 Rzf1、Rzf2、Rzf3 和 Rzf4 分别为旋转控制阀阀芯油槽与进油口 P,回油口 T 及工作油口 A、B 导通时产生的节流口的液阻,令恒势源 Se1、Se2 分别表示旋转控制阀的进、回油压力。在键合图中,0 节点与并联电路中节点的功能相当,该节点周围线路的势源相等,1 节点与串联电路中节点的功能相当,该节点处各线路输出的流源相等且输出之和等于输入的流源,则旋转控制阀的键合图模型可表示为图 5-2。

根据旋转控制阀键合图中各节点势源、流源的传递关系和流向,可利用 AMESim 对旋转控制阀进行建模。由于旋转控制阀属于特殊元件,利用 AMESim 对旋转控制阀进行建模时,无论是标准的 Hydraulic 元件库还是 Hydraulic Component Design 元件库,均无法直接对其建模,但根据旋转控制阀和四通滑阀的等价功能,可利用四通滑阀和信号控制元件进行

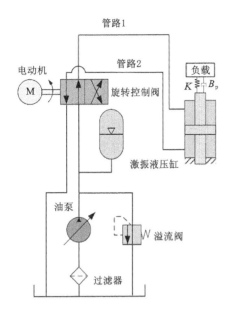

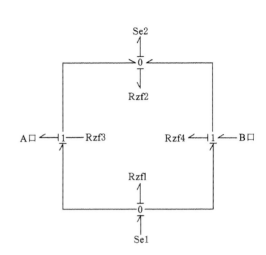

图 5-1　电液激振时效系统的简化液压原理图　　　图 5-2　旋转控制阀的键合图模型

等价建模[159]。图 5-3 为旋转控制阀和四通滑阀的等价原理及 AMESim 模型。

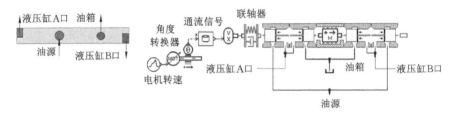

图 5-3　旋转控制阀和四通滑阀的等价原理及 AMESim 模型

　　在图 5-3 中的旋转控制阀 AMESim 等价模型中,需要根据第 2 章中旋转控制阀通流面积的变化情况、阀芯优化后的开槽宽度及其与出液口的配合情况对信号源进行特别设定,才能使得旋转控制阀的 AMESim 等价模型按照实际规律运动。由第 3 章优化匹配后的油槽宽度为 5.65 mm,根据旋转控制阀的结构可知阀芯上一共开有 26 个油槽,同时存在 26 个凸台。因此阀芯旋转过程中分别经历由闭合到全开再到闭合的过程,每个油槽的圆心角为 $2\pi/52$,可得油槽与出液口在转动一圈内的配合角度关系为:$0\sim2\pi/52$ 时为 P→A 过程,开口量逐渐增加;$2\pi/52\sim4\pi/52$ 时为 P→A 过程,开口量逐渐减少;$4\pi/52\sim6\pi/52$ 时为 P→B 过程,开口量逐渐增加;$4\pi/52\sim8\pi/52$ 时为 P→B 过程,开口量逐渐减少。由于阀芯转角是通过驱动电动机直接进行控制,阀芯转角变化情况取决于电动机转速,而电动机是不能反转的,因此可通过角度转换器实现等价模型的换向[160]。利用开槽宽度及旋转控制阀通流面积关系的分析,得到阀芯转角与等价模型横向位移的关系,如图 5-4 所示。将图中的数据导入 AMESim Table Editor,实现对旋转控制阀通流面积变化的等价处理。当电动机转速不同时,经过角度转换器使得输出的角速度为线性变化,从而对等价的旋转控制阀通流面积变化的频率进行控制,且这种变化随着时间历程具有周期性。

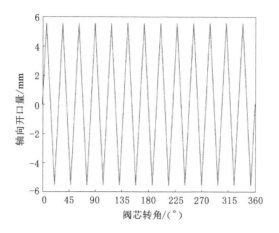

图 5-4 旋转控制阀 AMESim 模型的通流控制信号

5.1.2 激振液压缸键合图及 AMESim 模型

由于激振液压缸是振动信号的输出元件,利用功率键合图对激振液压缸进行建模时,考虑在活塞两个端面上发生的能量转换,因此需要引入变换器 TF 并根据旋转控制阀输入、输出的流源对其进行建模。

设激振液压缸活塞两个端面 A_1、A_2 处的两个键合图变换器分别为 TF1、TF2,激振液压缸上下两腔的等效液容分别为 C_1、C_2,上下两腔的体积分别为 V_1、V_2,由负载质量派生而出的摩擦阻性元、弹簧容性元及质量感性元分别为 R_m、C_m、I_m,则激振液压缸及负载的键合图如图 5-5 所示。

根据激振液压缸功率键合图的因果规则和功率流向,利用 AMESim 的 HCD 元件库建立的激振液压缸基本模型如图 5-6 所示。

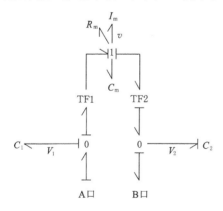

图 5-5 负载型激振液压缸的键合图模型

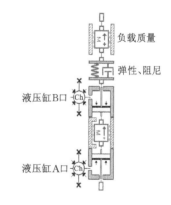

图 5-6 带有负载的激振液压缸 AMESim 模型

5.1.3 蓄能器键合图及 AMESim 模型

在流体传动与液压系统中,由于油源压力较高且油源泵或多或少存在脉动情况,这会对系统组件及管路造成一定的压力冲击,从而对整机的正常运作造成一定的危害。因此实际液压系统中一般通过蓄能器对此类压力冲击进行抑制或消除。考虑电液激振时效系统的实际制造基础,本书选用的蓄能器为 NXQAB-40/31.5-F 型皮囊充气式蓄能器,其结构简图如图 5-7 所示。

根据陈照弟等[161]提出的囊式蓄能器动态建模理论,考虑蓄能器进液口节流以及蓄能器内部存在的容性和感性问题,可建立蓄能器等效键合图模型,如图 5-8 所示。

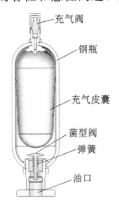

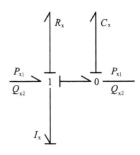

图 5-7　皮囊充气式蓄能器结构简图　　　　图 5-8　蓄能器等效键合图模型

图中,蓄能器进口压力和流量分别为 P_{x1}、Q_{x1},蓄能器出口压力和流量分别为 P_{x2}、Q_{x2},设蓄能器容腔内部初始液体的体积和高度分别为 V_{x0}、h_{x0},蓄能器的截面面积为 A_x,则蓄能器的节流阻性、体积容性和感性分别表示为[162]:

$$\begin{cases} R_x = \dfrac{P_x}{Q_{x1}} \\[3mm] C_x = -\dfrac{V_{x0} + \int_0^t Q_{x2}\,\mathrm{d}t}{K_g} \\[3mm] I_x = \dfrac{\rho\left(h_{x0} + \dfrac{\int_0^t Q_{x2}\,\mathrm{d}t}{A_x}\right)}{A_x} \end{cases} \tag{5-1}$$

式中　R_x——蓄能器的节流口液阻,N·s/m⁵;

　　　C_x——蓄能器的液容,m⁵/N;

　　　I_x——蓄能器的液感,N·s²/m⁵;

　　　K_g——蓄能器的刚度系数,N/m。

由于蓄能器在电液激振时效系统中可视为辅助元件,根据蓄能器键合图模型在 AMESim 部件子模型中应选择 HA001 型气囊式蓄能器,其状态方程由等温定律计算,当充气时间 $t = 0$ 时,其公式可表示为:

$$(P_{x0} + P_{\mathrm{atm}}) \cdot V_{x0} = (P_{\mathrm{gas0}} + P_{\mathrm{atm}}) \cdot V_{\mathrm{gas0}} \tag{5-2}$$

式中　P_{x0}——蓄能器预充气压力,MPa;

　　　V_{x0}——蓄能器的体积,L;

　　　P_{gas0}——充气气体的压力,MPa;

　　　V_{gas0}——充气气体的体积,L;

P_{atm}——环境压力，MPa。

蓄能器处于常态时不需要考虑热交换问题，则式(5-2)可表示为：

$$(P_{x0} + P_{atm}) \cdot V_{x0}{}^{\gamma} = (P_{gas0} + P_{atm}) \cdot V_{gas0}{}^{\gamma} \tag{5-3}$$

式中　γ——气体的体积模量，MPa。

蓄能器在动态系统模拟时，需要根据充气体积的状态分别进行计算。当蓄能器充满气体时，其内部压力可表示为：

$$P_{max} = (P_0 + P_{atm}) \cdot 1\,000^{\gamma} - P_{atm} \tag{5-4}$$

当充满气体时，蓄能器的出口压力不会低于内部最大压力，即 $P_{x2} \geqslant P_{max}$，此状态下蓄能器内部气体压力处于最大值，体积处于最小值，则有：

$$\begin{cases} P_{gas} = P_{max} \\ V_{gas} = \dfrac{V_0}{1\,000} \end{cases} \tag{5-5}$$

当蓄能器未充气时，其内部气体压力处于预设值，体积处于最大值，则有：

$$\begin{cases} P_{gas} = P_0 \\ V_{gas} = V_0 \end{cases} \tag{5-6}$$

当蓄能器处于中间状态时，内部气体压力不小于液体压力，即 $P_{gas} \geqslant P_{x2}$，此状态下可利用多变定律对气体体积进行计算：

$$\begin{cases} P \cdot V^{\gamma} = C \\ V_{gas} = V_0 \cdot \left(\dfrac{P_0}{P_{gas}}\right)^{\frac{1}{\gamma}} \end{cases} \tag{5-7}$$

式中　C——多变定律中的常数项。

由于液体体积的压缩相对于气体体积的压缩可以忽略不计，则多变定律常数项为 0，对蓄能器的压力进行求导，则有：

$$\frac{dP}{dt} = -\gamma \cdot \frac{P}{V} \cdot \frac{dV}{dt} \tag{5-8}$$

由式(5-8)可求得蓄能器出口压力、流量的状态方程：

$$\begin{cases} \dfrac{dP_{x2}}{dt} = \gamma \cdot \dfrac{P_{x2} + P_{atm}}{V_{gas}} \cdot Q_{x2} \\ Q_{x2} = -\dfrac{dV_{gas}}{dt} \end{cases} \tag{5-9}$$

5.1.4　管路键合图及 AMESim 模型

管路是液压系统最主要的流体介质能量传输元件，液压系统在工作时，由于管路的独特属性使得输运的能量会导致管路产生一定的变形、振动，出现流体质量的压缩及能量的损失，最终对整个系统的输出造成干扰。在前面的分析中，是基于数值解析的方法对电液激振系统中旋转控制阀直接控制激振液压缸进行的模拟计算，未考虑管路特性对整个系统的影响。在实际工况下，管路内的流体介质在管路轴线方向上分布着相当一部分惯性(感性)、阻性及容性特征。由于电液激振时效系统需要持续输出振动特征，因此在分析系统的振动特性时就需要考虑管路模型对该系统的影响。一维流动集中参数法在对液压系统管路的分析时具有独特优势，利用此方法分析管路动态特性时，假设管路内的流体介质与管路内壁之间的黏性摩擦阻力是与管路内流体介质的动量成正比的关系。本节利用此方法,基于键合图理论,考虑不同的管路特征对负载激振过程振动特性的影响,对电液激振时效系统中旋转控制阀和激振液压缸之间的管路进行建模。

电液激振时效系统所用管路的有效部分为圆形管路,如图 5-9 所示。当管路内的流体介质为连续、不可压缩的理想液体时,其内部液体的流速远小于声速。因此,液体在圆周方向上的速度分布远小于沿轴线方向上的运动速度,同时在管路任一截面上的压力分布相同[163]。

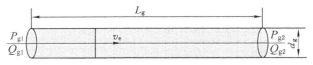

图 5-9 管路模型

分析管路特征对电液激振时效系统的影响时,需要考虑流体介质在管路中流动时产生的液容特性、液阻特性及液感特性,示意管路的等效物理模型如图 5-10(a)所示。当分析管路的液容(C)、液阻(R)及液感(I)效应时,需要将这些特性分别视为集中参数进行计算,因此可采用键合图理论建立管路的集中参数模型[164],如图 5-10(b)所示,图中 P_{g1},P_{g2},P_{g3} 为不同截面处的液体压力;Q_{g1},Q_{g2},Q_{g3} 为不同截面处的液体的流量。

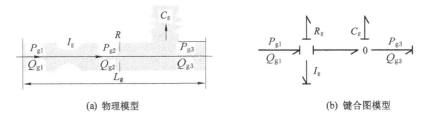

(a) 物理模型 　　　　　　　　　　　　(b) 键合图模型

图 5-10 管路物理模型及键合图模型

当管路长度为变量或管路自身特性对系统有影响时,需要将多段管路进行集中参数化建模,而将管路的三个特性均单个集中参数进行建模则会使误差变大,为了避免该问题,可以将一定长度的管路沿其轴线分成 n 段进行建模,则长管路的三个特性可分段集中表示为图 5-11 中的形式。根据键合图理论,相应将每一段管路的键合图进行集中,可得到整根管路的键合图模型,如图 5-12 所示。

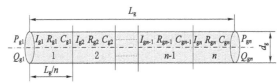

图 5-11 管路参数分段集中模型

图 5-12 中,C_{gi} 为液体在管路中流动时的容性元,即液容,其表达式为:

$$C_{gi} = \frac{\pi d_g^2 L_g/n}{4}\left(\frac{d_g}{\delta E_g} + \frac{1}{\beta_e}\right) = \frac{\pi d_g^2 L_g/n}{4}\left(\frac{1}{K_g} + \frac{1}{\beta_e}\right) \tag{5-10}$$

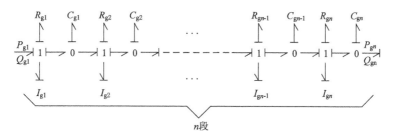

图 5-12　分段集中的管路键合图

式中　C_{gi}——第 i 段管路的液容，N·s²/m⁵，$i=1,2,\cdots,n$；

$\qquad n$——管路的分段数目，无因次量；

$\qquad L_g$——管路的总长，m；

$\qquad d_g$——管路的直径，m；

$\qquad \delta$——管路的壁厚，m；

$\qquad E_g$——管路的弹性模量，N/m²；

$\qquad \beta_e$——液体的体积弹性模量，N/m²；

$\qquad K_g$——管路的表观弹性模量，N/m²。

R_{gi} 为液体在管路中流动时的阻性元，即液阻，分为稳态液阻 R_{gsi} 和动态液阻 R_{gdi} 两个部分。稳态液阻 R_{gsi} 表示流量稳定状态下液体在管路内流动时与管壁之间的黏性阻尼效应；动态液阻 R_{gdi} 表示流量出现脉动状态下液体在管路内流动时因内部流速不均而引起与管壁的黏性阻尼效应。由液阻的两个定义可知液阻与液体的流动状态有关，根据液体的流动状态分别对液阻进行数学建模[165]。

当液体流动形式为层流时，稳态液阻 R_{gsi} 及动态液阻 R_{gdi} 的表达式分别为：

$$\begin{cases} R_{gsi} = \dfrac{128\rho v_g L_g n}{\pi d_g^4} \\ R_{gdi} = 2\,032.472\left(\dfrac{L_g}{\pi d_g}\right)^{0.6392} \cdot R_{gsi} \end{cases} \tag{5-11}$$

当液体流动形式为湍流时，稳态液阻 R_{gsi} 及动态液阻 R_{gdi} 的表达式分别为：

$$\begin{cases} R_{gsi} = \dfrac{0.2416\rho L_g v_g^{0.25}}{n\pi d_g^{4.75}}Q_i^{1.75} \\ R_{gdi} = 18\,353.381\left(\dfrac{L_g}{\pi d_g}\right)^{0.7354} \cdot R_{gsi} \end{cases} \tag{5-12}$$

式中　Q_{gi}——管路内液体的流量，m³/s；

$\qquad v_g$——管路内液体的运动黏度，m²/s；

$\qquad I_{gi}$——液体在管路中流动时的液感，其计算公式为[166]：

$$I_{gi} = \dfrac{4\rho L_g}{n\pi d_g^2} \tag{5-13}$$

由式(5-11)至式(5-13)可知：液体在管路内的三个特性取决于管路的长度、内径及液体自身属性，因此管路的长度、内径决定管路的基本特征[167]。利用分段集中参数法及键合图对管路进行建模可知管路的分段数也很重要，分段数太少则会使整个系统的频率下降，响应速度降低，因此分段数不能太少，一般选择 $n \geqslant 9$[168]。

参照分段集中参数的管路键合图，可在 AMESim 中对管路进行子模型选取。由于本章的研究内容包含管路特征对整体系统振动特性的影响，因此需要选择引入 Godunov 方法的管路模型。在此模型中，同时考虑了管路的液容、液阻和液感效应，选取管路上 20 个基点的压力和流量作为状态变量，利用显式积分算法进行求解[169]。研究涉及的管路长度 $L_g \leqslant 0.5$ m，直径 $d_g \leqslant 0.05$ m，工作油液选用运动黏度 $\nu = 46$ mm^2/s，密度为 $\rho = 890$ kg/m^3，体积弹性模量 $\beta_e = 1.6 \times 10^9$ N/m^2 的 L-HM46 抗磨液压油。根据管路及油液的基本情况，可计算出管路子模型的一个重要评价指标——耗散数 D_n，其数学表达式为：

$$D_n = \frac{4L_g \nu}{\sqrt{\beta_e/\rho} \cdot d_g} \tag{5-14}$$

根据式(5-14)可得到耗散数约为 0.017，根据图 5-13 中 AMESim 管路参量及子模型的选取原则即可对管路的子模型进行确定。

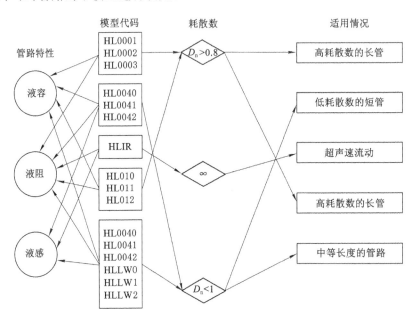

图 5-13　模型选取原则

根据式(5-14)的计算结果及管路模型选取原则图，可知本书研究内容涉及的管路动态特性应包含液容、液阻、液感，属于短管，因此选取的管路子模型应为 HL0040 一类。

在 AMESim 中，HL0040 类管路子模型是基于有限分段集中的考虑液体黏性损失的管路模型，由图 5-11 和图 5-12 中管路的键合图关系，可列出 HL0040 类的管路的 AMESim 模型，如图 5-14 所示。

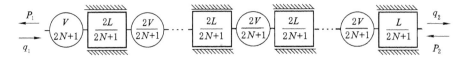

图 5-14　HL0040 类管路分段集中 AMESim 模型

5.1.5 电液激振时效系统键合图及 AMESim 模型

根据图 5-1 中的整体液压原理,将上述各个组件的键合图进行连接、组合,可得到电液激振时效系统的整体键合图,如图 5-15 所示。

根据图 5-15 中的功率流向关系,以激振液压缸的冲程运动为例对电液激振时效系统的功率流进行分析。其中,旋转控制阀 4 个油口处的等价方程如下。

油口 P:

$$\begin{cases} S_{e1} = P_{x1} = P_1 = P_2 = P_3 = P_4 \\ S_{f1} = Q_{x1} = Q_1 = Q_2 + Q_3 + Q_4 \end{cases} \tag{5-15}$$

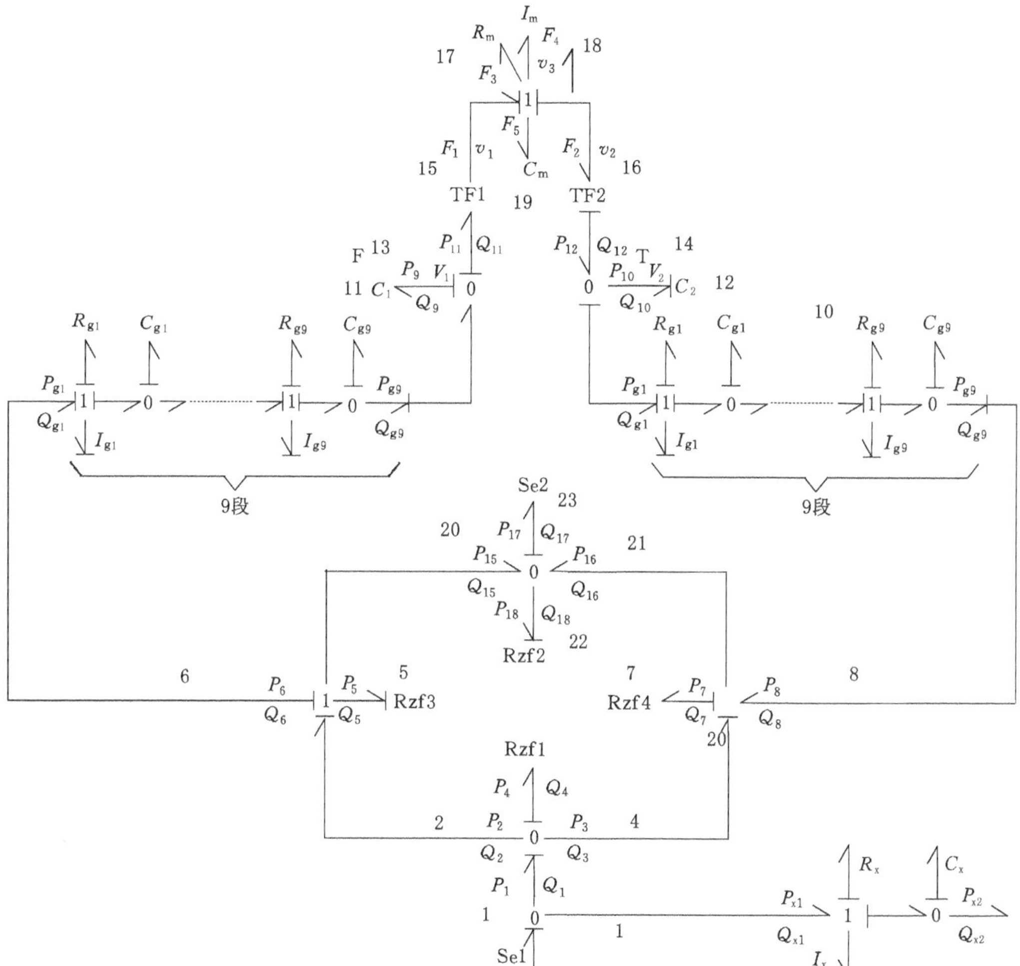

图 5-15 电液激振时效系统键合图模型

油口 T:

$$\begin{cases} P_{15} = P_{16} = P_{17} = P_{18} \\ Q_{15} = Q_{16} + Q_{17} + Q_{18} \end{cases} \tag{5-16}$$

油口 A：

$$\begin{cases} P_2 = P_5 + P_6 + P_{15} \\ Q_2 = Q_5 = Q_6 = Q_{15} \end{cases} \quad (5\text{-}17)$$

油口 B：

$$\begin{cases} P_3 = P_7 + P_8 + P_{16} \\ Q_3 = Q_7 = Q_8 = Q_{16} \end{cases} \quad (5\text{-}18)$$

激振液压缸各环节的等价方程如下。

液压缸下腔：

$$\begin{cases} P_{g9} = P_9 = P_{11} \\ Q_{g9} = Q_9 + Q_{11} \\ P_9 = \dfrac{V_1}{C_1} \\ Q_9 = \dot{V_2} \end{cases} \quad (5\text{-}19)$$

液压缸上腔：

$$\begin{cases} P_{12} = P_{10} = P_{g1} \\ Q_{12} = Q_{10} + Q_{g1} \\ P_{10} = \dfrac{V_2}{C_2} \\ Q_{10} = \dot{V_2} \end{cases} \quad (5\text{-}20)$$

液压缸活塞：

$$\begin{cases} F_1 = A_1 \cdot P_{11} \\ Q_{11} = A_1 \cdot v_1 \\ F_2 = A_2 \cdot P_{12} \\ Q_{12} = A_2 \cdot v_2 \end{cases} \quad (5\text{-}21)$$

活塞及负载质量：

$$\begin{cases} F_1 = F_2 + F_3 + F_4 + F_5 \\ v_1 = v_2 = v_3 \\ v_3 = P_m / I_m, \dot{P_m} = F_4 \\ F_3 = R_m \cdot v_3 \\ F_5 = C_m \cdot v_3 \end{cases} \quad (5\text{-}22)$$

根据式(5-15)至式(5-22)及旋转控制阀的功能,当油源输入时,Se1 分别向旋转控制阀及蓄能器输入功率流 1,在旋转控制阀处出现 3 路分流:阻性元 Rzf1 消耗的功率流 3、流入下一元件的待分配的功率流 2、4,旋转控制阀处于当前位置时,液体的流动方向为 P→A,B→T,所以功率流 4 为 0。同时,功率流 2 在下一支路分为 3 个支流:阻性元 Rzf3 消耗的功率流 5、阀工作时因油路换向产生的损失功率流 18、流入阀缸之间管路的功率流 6。油液流经管路时,分别经前述管路的消耗,使得流入激振液压缸实际的功率流为 9。功率流 9 在激振液压缸处分为 2 个支流:液压缸等效液容消耗的功率流 11 和作用在活塞端面 A₁ 上的功率流 13;活塞的作用是能量转换,将功率流 13 转换为其他形式的功率流:摩擦损失阻性功率流 15、负载处阻尼消耗功率流 17、运动功率流 18、弹性消耗功率流 19 及待转换的功率流 16。功率流 16 作用在活塞端面 A_2 上转换为液体功率流 14。功率流 14 分为 2 个支流：液压缸等效液容消耗功率流 12 及流入管路的功率流 10。经过管路的损失，功率流 10 在旋转控制阀处的实际功率流 8 分出 2 个支流：阻性元 Rzf4 消耗的功率流 7 和下一阶段阀内部液体阻性损失的功率流 21。功率流 21 在阀内部分解为阻性元 Rzf2 消耗的功率流 22 和流回油箱的功率流 23。

将上述各元件的 AMESim 模型连接即可得到电液激振时效系统的整体 AMESim 模型。由于在 AMESim 语言中，各个模块之间需要根据输入/输出变量的功率流向进行连接，因此，合理的模型应包含其他辅助结构才能实现[170]，根据建立的各个元件模型，利用相关转换辅助环节进行连接，得到包含负载及管路的电液激振时效系统负载激振过程仿真模型，如图 5-16 所示。

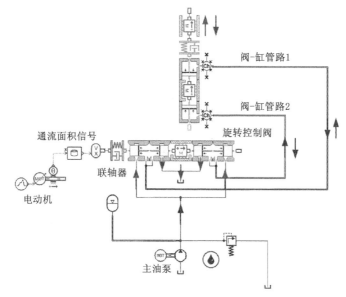

图 5-16　电液激振时效系统负载激振过程的仿真模型

5.2　负载激振过程振动特性的影响因素分析

除了第 4 章中旋转阀控激振液压缸环节的基本参数，在 AMESim 中还需要参照各元件的实际情况对旋转控制阀等效模型、激振液压缸及管路模型进行必要的参数设置。按总时长 0.5 s，步长 1×10^{-5} s，对负载激振过程的振动特性进行模拟仿真，系统其他的关键参数见表 5-1。

表 5-1　AMESim 仿真关键参数

名称	数值	单位
激振液压缸活塞的直径	99.8	mm
激振液压缸活塞杆的直径	55	mm

表 5-1(续)

名称	数值	单位
旋转控制阀的质量	20	kg
激振液压缸的行程	20	mm
系统的控制压力	15	MPa
主油泵的排量	100	mL/r
蓄能器的初始压力	2	MPa
蓄能器的体积	6.3	L
管路的初始长度	180	mm
管路的初始内径	18	mm
管路的初始壁厚	4	mm
负载及激振液压缸的总质量	30	kg

5.2.1 电动机转速对负载激振过程振动特性的影响

不考虑管路特征、惯性负载时,仿真得到主油泵排量 100 mL/r、系统压力 15 MPa、电动机不同转速条件下,电液激振时效系统负载激振过程的振动特性曲线如图 5-17 所示。

由图 5-17(a)、图 5-17(b)可知:当电动机转速为 500 r/min 时,负载激振过程在 0.071 72 s 到达稳定振动状态,稳定时,激振位移峰值为 0.711 4 mm,激振加速度峰值为 279.492 m/s²。当电动机转速为 600 r/min 时,负载激振过程在 0.080 61s 到达稳定振动状态,稳定时激振位移峰值为 0.478 4 mm,激振加速度峰值为 239.353 m/s²。当电动机转速为 700 r/min 时,负载激振过程在 0.098 66 s 到达稳定振动状态,稳定时激振位移峰值为 0.337 2 mm,激振加速度峰值为 202.572 m/s²。当电动机转速为 800 r/min 时,负载激振过程在 0.117 31 s 到达稳定振动状态,稳定时,激振位移峰值为 0.245 3 mm,激振加速度峰值为 171.899 m/s²。当电动机转速为 900 r/min 时,负载激振过程在 0.136 12 s 到达稳定振动状态,稳定时,激振位移峰值为 0.182 5 mm,激振加速度峰值为 149.563 m/s²。当电动机转速为 1 000 r/min 时,负载激振过程在 0.176 1 s 到达稳定振动状态,稳定时,激振位移峰值为 0.152 6 mm,激振加速度峰值为 149.072 m/s²。因此,随着电动机转速的增大,负载激振时达到稳定的时间增加,稳定激振的位移、加速度均呈下降趋势,激振位移、激振加速度的峰值分别下降 78.55%、46.66%。由图 5-17(c)对激振加速度在[0,500] Hz 区间内进行 FFT 变换后,当电动机转速为 500 r/min 时,频谱波形中的主频为 122 Hz,加速度为 294.592 m/s²,第一次谐波分量为 366 Hz,加速度为 18.193 m/s²;当电动机转速为 600 r/min 时,频谱波形中的主频为 146 Hz,加速度为 226.169 m/s²,第一次谐波分量为 438 Hz,加速度为 13.659 m/s²;当电动机转速为 700 r/min 时,频谱波形中的主频为 170 Hz,加速度为 168.605 m/s²,变换区间内未出现谐波分量;当电动机转速为 800 r/min 时,频谱波形中的主频为 196 Hz,加速度为 135.230 m/s²,变换区间内未出现谐波分量;当电动机转速为 900 r/min 时,频谱波形中的主频为 220 Hz,加速度为 126.603 m/s²,变换区间内未出现谐波分量;当电动机转速为 1 000 r/min 时,频谱波形中的主频为 244 Hz,加速度为 115.237 m/s²,变换区间内未出现谐波分量。参考相关文献可以认定[171]:电液激振时

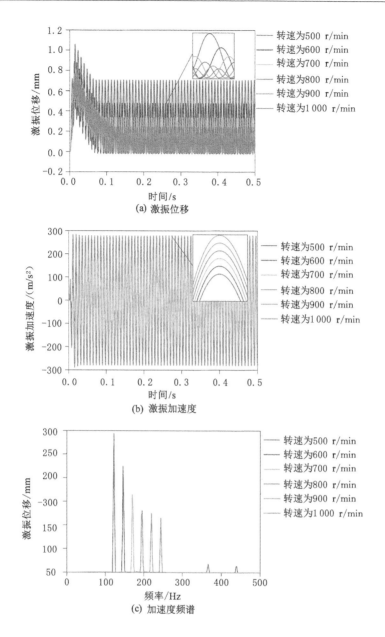

图 5-17　电动机转速不同时负载的振动特性曲线

效系统负载激振过程稳定振动时的波形为正弦波,波形饱和时存在一定的谐波分量且随着电机转速的增大谐波分量变小直至消失。

5.2.2　主油泵排量对负载激振过程振动特性的影响

不考虑管路特征、惯性负载时,仿真得到电动机转速 500 r/min、系统压力 15 MPa、主油泵排量不同条件下电液激振时效系统负载激振过程的振动特性曲线,如图 5-18 所示。

主油泵排量不同时,电液激振时效系统负载激振过程振动特性峰值见表 5-2。

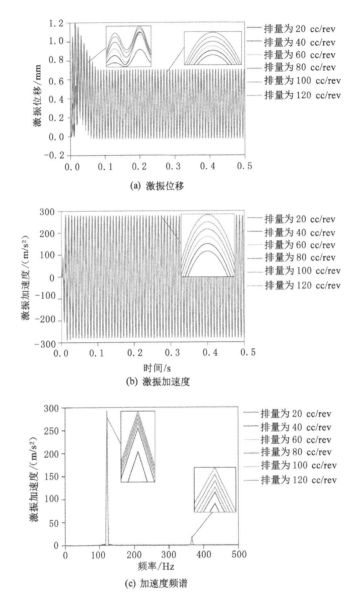

图 5-18　主油泵排量不同时负载的振动特性曲线

表 5-2　排量不同时负载的振动特性峰值

排量/(mL/r)	激振位移/mm	激振加速度/(m/s²)	谐波主频加速度/(m/s²)	谐波分量加速度/(m/s²)
20	0.704 7	278.877	239.799	18.183
40	0.704 8	278.936	294.213	18.190
60	0.705 0	279.007	294.304	18.192
80	0.705 2	279.068	294.371	18.194
100	0.705 3	279.151	294.440	18.195
120	0.705 5	279.221	294.505	18.196

由图 5-18 和表 5-2 可知：当前工况下，负载激振过程在 0.071 72 s 达到稳定振动状态且稳定时间不随主油泵排量的变化而改变。由局部放大图可以看出：当主油泵排量增加时，激振过程初期产生的波动逐渐增加但增加幅度较小。激振加速度在 $[0,500]$ Hz 区间内进行 FFT 变换后，波形未随着排量的增加出现明显变化，频谱波形中的主频维持在 122 Hz 左右，第一次谐波分量维持在 366 Hz。稳定激振时，主油泵排量的增加，使得激振的位移、加速度均略微增加，但是对整体状态的影响并不显著，对激振频谱产生的影响较小。

5.2.3　系统压力对负载激振过程振动特性的影响

不考虑管路特征、惯性负载时，仿真得到电动机转速为 500 r/min、主油泵排量为 100 mL/r、系统压力不同条件下电液激振时效系统负载激振过程的振动特性曲线，如图 5-19 所示。

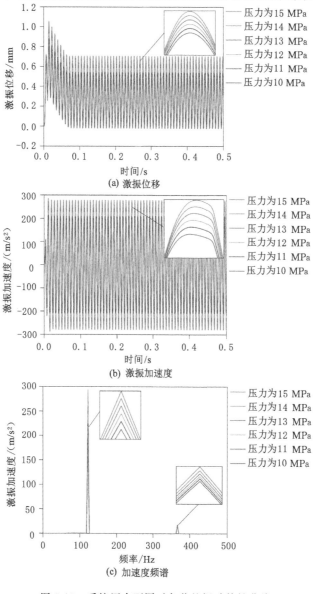

图 5-19　系统压力不同时负载的振动特性曲线

系统压力不同时,电液激振时效系统负载激振过程振动特性的峰值见表 5-3。

表 5-3　压力不同时负载的振动特性峰值

压力/MPa	激振位移/mm	激振加速度/(m/s²)	谐波主频加速度/(m/s²)	谐波分量加速度/(m/s²)
10	0.497 9	190.647	206.982	16.807
11	0.540 6	209.024	225.503	17.039
12	0.582 7	226.803	243.542	17.267
13	0.624 8	244.706	261.071	17.523
14	0.666 3	262.190	278.090	17.830
15	0.707 3	279.472	294.603	18.194

由图 5-19 和表 5-3 可知:当系统压力由 10 MPa 增大至 15 MPa,负载激振时达到稳定振动的时间保持不变,波动峰值、稳定激振峰值及频谱峰值均随着压力的增大呈上升趋势。其中,激振位移、激振加速度的峰值分别增大 42.06%、46.59%。

5.2.4　负载特征对负载激振过程振动特性的影响

对于电液激振时效系统来说,负载特征大致有惯性负载、带有弹性的惯性负载、带有阻尼的惯性负载、带有弹性和阻尼的惯性负载四种形式。参考相关文献[172-173],分别设定负载模型中弹性刚度为 100 kN/m,阻尼为 10 kN/(m/s),在其他参数与前面分析工况相同的条件下组成负载特征对比仿真实验,仿真结果如图 5-20 所示。

由图 5-20 可知:负载激振过程中,负载特征为惯性负载到达稳定振动的时间最短,其次为带有弹性的惯性负载,再次为带有阻尼的惯性负载,最后为既有弹性又有阻尼的惯性负载。达到稳定状态时,惯性负载的激振位移峰值与带有弹性的惯性负载相差不大,带有阻尼的惯性负载与既有弹性又有阻尼的惯性负载相差不大;四种负载特征中,惯性负载的激振加速度最大,既有弹性又有阻尼的惯性负载加速度最小,且在加速度谐波分量中均出现一定的突变现象,但既有弹性又有阻尼的惯性负载突变问题最为平滑,而惯性负载突变的较为严重。为了分析弹性、阻尼对负载激振过程的影响,分别以不同负载弹性、负载阻尼为变量进行模拟仿真,得到如图 5-21 和图 5-22 所示结果。

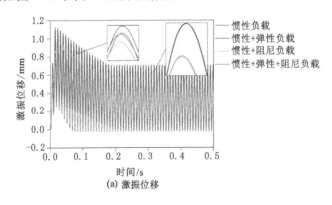

(a) 激振位移

图 5-20　特征不同时负载的振动特性曲线

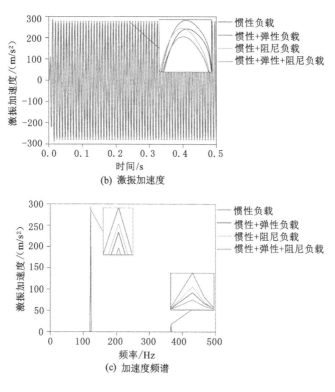

图 5-20(续)

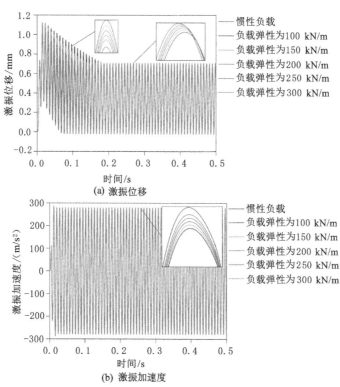

图 5-21 弹性不同时负载的振动特性曲线

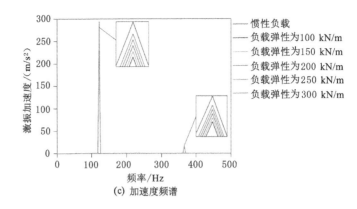

(c) 加速度频谱

图 5-21(续)

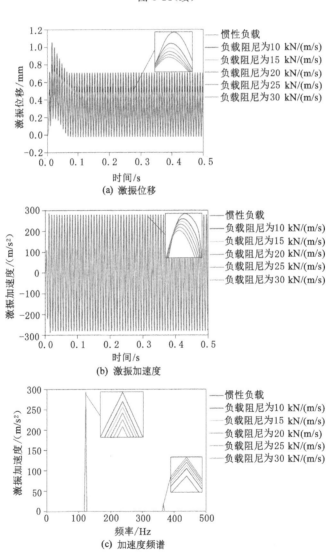

图 5-22　阻尼不同时负载的振动特性曲线

负载弹性不同时,电液激振时效系统负载激振过程振动特性的峰值见表5-4。

表5-4 弹性不同时负载的振动特性峰值

弹性刚度/(kN/m)	激振位移/mm	激振加速度/(m/s²)	谐波主频加速度/(m/s²)	谐波分量加速度/(m/s²)
100	0.706 3	273.532	287.661	17.928
150	0.706 6	274.483	288.734	17.958
200	0.706 8	275.436	289.815	17.988
250	0.707 0	276.395	290.902	18.019
300	0.707 2	277.359	291.996	18.052

由图5-21和表5-4可知:当负载的弹性刚度由100 kN/m增大至300 kN/m,负载激振时达到稳定振动的时间逐渐缩短,激振位移、激振加速度、频谱的主频、谐波分量均呈现上升趋势,其中激振位移、激振加速度的峰值分别增大了0.13%、1.38%。稳定激振时,随着刚度的增大,激振波形出现滞后现象。

负载阻尼不同时,电液激振时效系统负载激振过程振动特性的峰值见表5-5。

表5-5 阻尼不同时的负载振动特性峰值

阻尼/[kN/(m/s)]	激振位移/mm	激振加速度/(m/s²)	谐波主频加速度/(m/s²)	谐波分量加速度/(m/s²)
10	0.546 8	274.055	289.987	18.712
15	0.483 1	271.078	287.461	18.967
20	0.429 7	268.086	284.685	19.196
25	0.385 3	265.040	281.684	19.403
30	0.348 2	261.733	278.481	19.588

由图5-22和表5-5可知:当负载的阻尼由10 kN/(m/s)增大至30 kN/(m/s),负载激振时达到稳定振动的时间逐渐增加且波动峰值逐渐降低,激振位移、激振加速度、频谱的主频呈现下降趋势,其中激振位移、激振加速度的峰值分别下降36.32%、4.50%。谐波分量呈上升趋势。稳定激振时,随着阻尼的增大,激振波形发生超前现象。

5.2.5 管路特征对负载激振过程振动特性的影响

根据前述建模理论,以旋转控制阀和激振液压缸之间的连接管路为研究对象,利用AMESim模拟管路特征对负载激振过程振动特性的影响。参考相关文献及液压工程实际应用,选择的管路材质分别为AISI 304不锈钢、钢丝绳编织胶管,AISI 304不锈钢的弹性模量为1.9×10^{11} N/m²[174-177]。其中,钢丝编织胶管的弹性模量分别为:含有1层钢丝时,弹性模量为3.5×10^8 N/m²;含有2层钢丝时,弹性模量为7.1×10^8 N/m²;含有3层钢丝时,弹性模量为1.2×10^9 N/m²;含有4层钢丝时,弹性模量为2.1×10^9 N/m²[178-179]。由常识可知AISI 304不锈钢管路的硬度高于4层钢丝的编织胶管,而钢丝层数越多,编织胶管越硬。为了对比分析管路硬度对负载激振过程振动特性的影响,以上述材质的管路和不考虑管路情况作为对比组,利用AMESim进行仿真模拟,得到如图5-23所示结果。

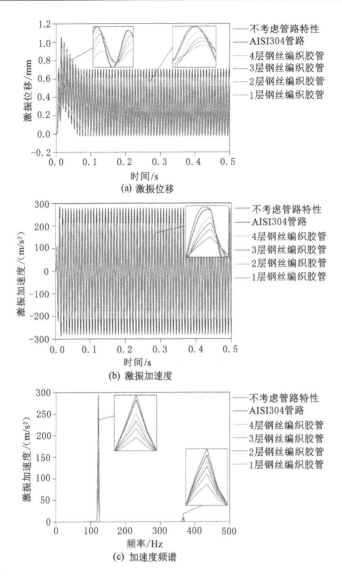

图 5-23　管路材料不同时负载的振动特性曲线

由图 5-23 可知：与不考虑管路特性相比，当管路材料不同时，负载激振过程均呈现一定的波动，且随着管路硬度的降低，达到稳定激振所需的时间延长，稳定激振峰值呈下降趋势，波形出现滞后现象，加速度曲线出现尖点，波形缓和程度下降，加速度频谱峰值下降，谐波分量出现的突变随管路硬度的下降而变得缓和。当管路为 AISI 304 不锈钢管时，激振位移峰值为 0.698 2 mm，激振加速度峰值为 264.471 m/s²，主频加速度为 269.330 m/s²，谐波分量加速度为 16.005 m/s²；当管路为含 4 层钢丝的编织胶管时，激振位移峰值为 0.614 6 mm，激振加速度峰值为 212.348 m/s²，主频加速度为 198.434 m/s²，谐波分量加速度为 14.109 m/s²；当管路为含 3 层钢丝的编织胶管时，激振位移峰值为 0.514 5 mm，激振加速度峰值为 178.032 m/s²，主频加速度为 161.831 m/s²，谐波分量加速度为 12.476 m/s²；当管路为含 2 层钢丝的编织胶管时，激振位移峰值为 0.388 1 mm，激振加速度峰值为 138.109 m/s²，主频加速度为 122.670 m/s²,谐波分量加速度为 10.226 m/s²;当管路为含 1 层钢丝的编织胶管时,激振位移峰值为 0.240 1 mm,激振加速度峰值为 88.544 m/s²,主频加速度为 76.27 m/s²,谐波分量加速度为 6.992 m/s²。由此可见,管路越硬,激振峰值越大,激振效果越好。

由式(5-2)至式(5-4)可知:管路的壁厚、长度及内径等结构参数对管路的容性、阻性、感性有直接影响,但对电液激振系统负载激振过程的影响趋势、影响程度需要通过仿真模拟进一步判断。因此,以旋转控制阀和激振液压缸之间的连接管路为研究对象,设定仿真的管路为 AISI 304 不锈钢管路,以管路壁厚、长度及内径为参量,利用 AMESim 分析管路结构参数对电液激振时效系统负载激振过程振动特性的影响。管路参数见表 5-6。

表 5-6 管路特征仿真参数设计

参数	数值/mm					
壁厚	1	2	3	4	5	6
长度	180	190	200	210	220	230
内径	10	12	15	20	25	32

通过仿真得到各管路参数对应的负载振动特性曲线分别如图 5-24、图 5-25、图 5-26 所示。

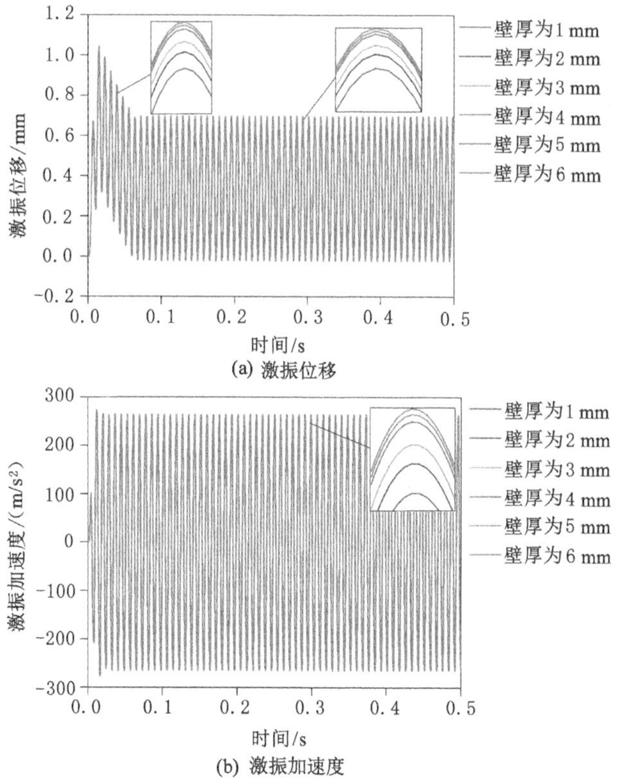

(a) 激振位移

(b) 激振加速度

图 5-24 管路壁厚不同时负载的振动特性曲线

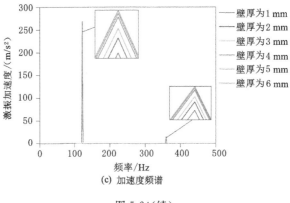

(c) 加速度频谱

图 5-24（续）

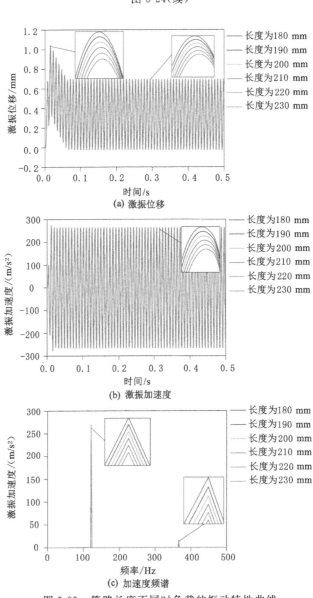

(a) 激振位移

(b) 激振加速度

(c) 加速度频谱

图 5-25　管路长度不同时负载的振动特性曲线

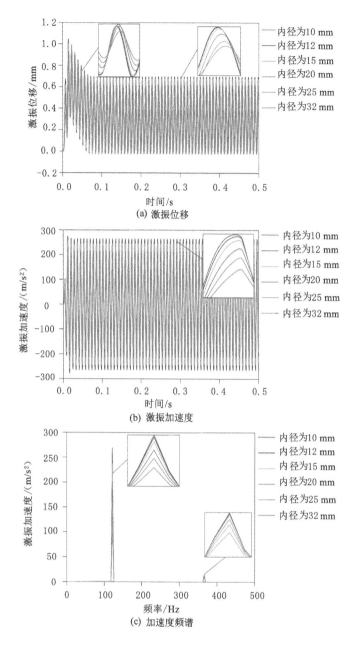

图 5-26 管路内径不同时负载的振动特性曲线

管路壁厚不同时,电液激振时效系统负载激振过程振动特性的峰值结果见表 5-7。

表 5-7 壁厚不同时负载的振动特性峰值

壁厚/mm	激振位移/mm	激振加速度/(m/s²)	谐波主频加速度/(m/s²)	谐波分量加速度/(m/s²)
1	0.698 279	264.572	269.330	16.005
2	0.698 313	264.623	269.413	16.008
3	0.698 336	264.655	269.466	16.009

表 5-7(续)

壁厚/mm	激振位移/mm	激振加速度/(m/s²)	谐波主频加速度/(m/s²)	谐波分量加速度/(m/s²)
4	0.698 363	264.694	269.530	16.011
5	0.698 371	264.707	269.550	16.012
6	0.698 377	264.716	269.566	16.013

由图 5-24 和表 5-7 可知:随着 AISI 304 管路壁厚的增大,负载激振过程初期波动程度一致,到达稳定的时间相同,但是波动峰值及稳定激振峰值、加速度频谱主频、谐波分量峰值均随着壁厚的增大出现轻微的上升趋势。管路壁厚对负载激振过程的振动特性的影响非常小,壁厚涨幅为 5 mm 时激振位移仅增大 0.014%。

管路长度不同时,电液激振时效系统负载激振过程振动特性及峰值结果如图 5-25 及表 5-8 所示。

表 5-8 长度不同时负载的振动特性峰值

长度/mm	激振位移/mm	激振加速度/(m/s²)	谐波主频加速度/(m/s²)	谐波分量加速度/(m/s²)
180	0.698 3	264.565	269.330	16.005
190	0.697 7	263.688	267.912	15.959
200	0.697 0	262.804	266.494	15.902
210	0.696 4	261.912	265.076	15.875
220	0.695 7	261.032	263.587	15.799
230	0.695 1	260.142	262.243	15.362

可见,随着管路长度的增大,负载激振过程初期波动程度减弱,到达稳定的时间延长,波动峰值及稳定激振峰值、加速度频谱主频、谐波分量峰值均随着长度的增大出现下降趋势。由此可见:管路长度对负载激振过程的振动特性具有一定影响,管路长度涨幅为 50 mm 时激振位移下降了 0.46%。

管路内径不同时,电液激振时效系统负载激振过程振动特性及峰值结果如图 5-26 和表 5-9 所示。

表 5-9 内径不同时负载的振动特性峰值

内径/mm	激振位移/mm	激振加速度/(m/s²)	谐波主频加速度/(m/s²)	谐波分量加速度/(m/s²)
10	0.698 3	264.565	269.330	16.005
12	0.693 2	257.589	258.086	15.701
15	0.677 5	243.995	237.896	15.253
20	0.616 7	213.678	200.049	14.119
25	0.519 6	179.792	163.689	12.530
32	0.386 2	137.501	122.108	10.168

由图 5-26 和表 5-9 可知:随着管路内径的增大,负载激振过程初期波动程度减弱,到达

稳定的时间延长,波动峰值及稳定激振峰值、加速度频谱主频、谐波分量峰值均随着管路内径的增大出现下降趋势,加速度频谱中的突变问题随着管路内径的增大而变缓。由此可见管路内径对负载激振过程的振动特性具有一定影响,管路内径涨幅为 22 mm 时激振位移下降了 44.69%。

由图 5-24 至图 5-26 的仿真结果可知:在管路结构参数中,管路内径对负载激振过程的振动特性影响最大,其次为管路长度,管路壁厚对负载激振过程振动特性的影响最小。

5.3　本章小结

基于键合图理论推导出了电液激振时效系统的功率流向关系,利用 AMESim 仿真平台进行系统级建模。通过设定不同变量及参数先后分析了电动机转速、主油泵排量、系统压力对电液激振时效系统负载激振过程的振动特性的影响。基于负载激振过程和管路分段集中建模理论,分析了电液激振时效系统负载特征、关键管路结构特征及参数对负载激振过程振动特性的影响。研究结果表明:

(1)随着电动机转速的增大,负载激振过程达到稳定的时间延长,稳定激振的位移、加速度均呈下降趋势,加速度频谱峰值、主频显著下降,且谐波分量出现的频率逐渐降低,分量值逐渐减小。

(2)当主油泵排量增加时,激振过程初期产生的波动逐渐增大但增大幅度较小,稳定激振时,主油泵排量的增加,使得激振的位移、加速度均出现小幅增大,但对整体状态的影响并不显著,对激振频谱产生的影响较小。

(3)系统压力逐渐增大时,负载激振达到稳定振动的时间保持不变,波动峰值、稳定激振峰值及频谱峰值均随着压力的增大呈上升趋势。

(4)在负载特征中,惯性负载到达稳定激振的时间最短,其次为带有弹性的惯性负载,再次为带有阻尼的惯性负载,最后为既有弹性又有阻尼的惯性负载。稳定激振时,四种负载特征中,惯性负载的激振加速度最大,既有弹性又有阻尼的惯性负载加速度最小,且在加速度谐波分量中均出现一定的突变现象,但既有弹性又有阻尼的惯性负载突变问题最为平滑,而惯性负载突变较为严重。

(5)负载弹性增大,激振时达到稳定振动的时间逐渐缩短,激振位移、激振加速度、频谱的主频、谐波分量均呈现上升趋势,稳定激振时,激振波形出现滞后现象。负载阻尼增大,达到稳定激振的时间逐渐延长且波动峰值逐渐降低,激振位移、激振加速度、频谱的主频、谐波分量均呈现下降趋势,稳定激振时,激振波形产生超前现象。

(6)管路材料不同表征管路的硬度差异,当管路硬度不同时,负载激振过程均呈现一定波动,且随着管路的硬度的降低达到稳定激振所需的时间延长,稳定激振峰值呈下降趋势,波形出现滞后现象,加速度曲线出现尖点,波形缓和程度下降,加速度频谱峰值下降,谐波分量出现的突变随管路硬度的下降而变得缓和。

(7)管路壁厚的增加,负载激振过程初期波动程度一致,到达稳定的时间相同,但是波动峰值及稳定激振峰值、加速度频谱主频、谐波分量峰值均随着壁厚的增加出现轻微的上升趋势;管路长度的增加,弱化了负载激振过程初期产生的波动,延长到达稳定的时间,波动峰值及稳定激振峰值、加速度频谱主频、谐波分量峰值均随着管路长度的增加出现下降趋势;

管路内径的增大,负载激振过程初期波动程度减弱,到达稳定的时间延长,波动峰值及稳定激振峰值、加速度频谱主频、谐波分量峰值均出现下降趋势,加速度频谱中的突变问题变缓。三者对负载激振过程振动特性影响的显著性顺序为:内径、长度、壁厚。

(8) 由《装甲车辆振动消除应力技术要求》(WJ 2696—2008)给出的振动消除应力评定效果及参数曲线观测法可知:机械式振动时效装置最大激振加速度一般为 $30 \sim 70$ m/s²,且至少需要 40 min 的连续激振才能获得激振效果。在本章研究的工况下,旋转控制电液激振时效系统的最大加速度可达 279.492 m/s²,因此可以认为该系统在消除残余应力时能带动较大负载,并且效率较高。

6　旋转控制电液激振时效系统实验研究

前文针对旋转控制电液激振时效系统的主要结构组成及工作原理、旋转控制阀的流场动态特性及阀芯开槽参数的交互效应、旋转阀控制激振液压缸的动态特性及激振系统的负载激振过程进行了多变量、多因素的数值模拟研究。本章将结合理论与仿真研究结果,搭建电液激振时效系统物理实验台样机,分析实际工况下旋转控制电液激振时效系统的激振特性,并与前文的相关研究结果相互验证。

6.1　实验目的

（1）利用搭建的旋转控制电液激振时效系统物理实验台进行系统动态实验,验证前文中所涉及相关仿真方法的可行性和数值模拟结果的准确性。

（2）根据实验结果,找出实验台可能存在的缺点,为样机的结构改进及实验台系统优化提供参考。

（3）根据实验效果、激振强度及实验环境,设计电液激振时效系统所用的工艺夹具,为后续的时效性研究提供基础。

6.2　旋转控制电液激振时效系统实验台

旋转控制电液激振时效系统实验台及其测控、采集环节的现场实验安装结构如图 6-1 所示。

实验时,启动主油泵 4,将工作油液输送至蓄能器 9,蓄能器及系统的压力可由压力表 8 实时显示。待蓄能器压力值达到期望工况时,启动伺服电动机 7,电动机通过联轴器带动旋转控制阀 6,在旋转控制阀与激振液压缸 14 的连接管路上分别装有蜗轮流量计 11 和压力变送器 10,可对旋转控制阀输出的压力和流量实时监测。随着旋转控制阀的不断旋转,使得一定压力的工作油液交替进入激振液压缸的两个活塞腔,从而推动液压缸活塞杆运动,在活塞杆的顶端装配一个位移传感器 12、一个加速度传感器 13,利用这些传感器可实时监测活塞杆的振动,传感器获得的实时数据可通过 NI PXIE 1042Q 采集系统中的 NI PXI-6218 多通道数据采集卡和东华动态测试分析系统 DH5922N 传输至计算机,通过计算机的 Labview DAQ 数据采集助手及 DHDAS 数据采集程序完成振动数据的显示和处理。

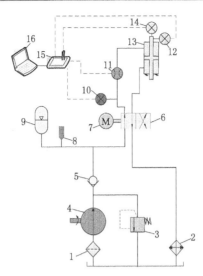

1—过滤器;2—冷却器;3—辅助阀组;4—主油泵;5—单向阀;6—旋转控制阀;

7—电动机;8—压力表;9—蓄能器;10—压力变送器;11—蜗轮流量计;12—位移传感器;

13—加速度传感器;14—激振液压缸;15—采集系统;16—控制计算机。

图 6-1 电液激振时效系统实验台样机组成

6.2.1 实验台系统组成及搭建

根据设计结果,分别试制了旋转控制阀和激振液压缸样件,并购置了实验台的其他组成部件,如图 6-2 和图 6-3 所示。

图 6-2 旋转控制阀样机及零部件

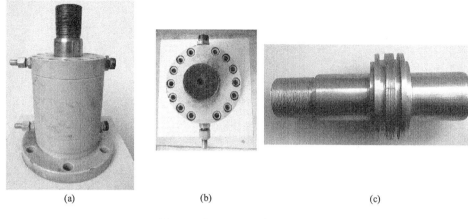

(a)   (b)   (c)

图 6-3 激振液压缸样机及零部件

（1）旋转控制阀。

（2）激振液压缸。

（3）阀-缸连接管路。旋转控制阀和激振液压缸之间内径一致的部分连接管路如图 6-4 所示。其中,左侧为带有蜗轮流量计的管路,右侧为带有压力变送器的管路。

图 6-4 带有仪表的连接管路

　（4）辅助阀组及压力表。根据图 6-1 原理可知:电液激振时效系统实验台在运行时,高压油液经油源流入其他元件,蓄能器内的工作油液由主油泵通过辅助阀组供给。因此,辅助阀组及压力表在整个实验台中可起到一定的压力控制和保护作用。辅助阀组的实验照片如图 6-5 所示。

　（5）主油泵。根据电液激振时效系统的基本情况和实验室现有条件,实验台的主油泵初步采用一台叶片泵和两台变量轴向柱塞泵同时进行供油。实验时根据工况需要通过辅助阀组随时调节供油压力、流量。其中,叶片泵为 PV2R1-23-FRAA 型低噪声双联叶片泵;变量轴向柱塞泵为 25DCY14-1B 型斜盘式变量轴向柱塞泵和 Y 系列异步电动机组成的油泵电机组。主油泵的实验照片如图 6-6 所示。

　（6）蓄能器。由于该系统是基于振动的实验测试,因此蓄能器可以缓冲或消除油源网络压力脉动,减少因压力脉动对实验测试结果造成的影响。本次实验选用的蓄能器为

(a) 辅助阀组俯视图　　　　　　　　　　　(b) 辅助阀组侧视图

图 6-5　辅助阀组实验照片

(a) 叶片泵　　　　　　　　　　　(b) 柱塞泵

图 6-6　主油泵实验照片

NXQAB-40/31.5-F 型气体式蓄能器,充液容积为 6.3 L,其实物如图 6-7 所示。

图 6-7　蓄能器实验照片

（7）实验样机。根据实验系统的组成元件,可绘制出基于旋转控制阀的电液激振时效系统实验台整机效果模型图,如图 6-8 所示。

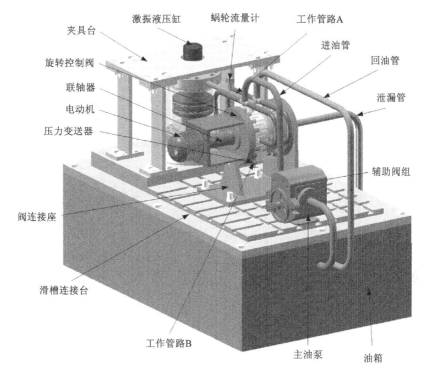

图 6-8   实验样机效果图

在图 6-8 中,实验样机包括:激振液压缸、夹具台(用于安装测试仪表)、电动机、旋转控制阀、主油泵、辅助阀组、滑槽连接台及其他连接管路等。由于蓄能器通过外购获得并安装于油箱侧面即可,因此在图中并未示出。在工作管路 A、B 上分别装有三通式蜗轮流量计和压力变送器,夹具台上可安装位移传感器固定座,负载架,可实现对激振位移、激振加速度进行测量。根据现有加工条件、加工时间及预研成本,搭建的激振实验台整体实物及实验台搭建现场的相关环节如图 6-9 所示。其中,由于滑槽连接台的加工条件及工时成本相对较高,因此做出了相应的调整。

6.2.2   数采硬件及关键参数

电液激振时效系统的实验装置除旋转控制阀、激振液压缸等样机构件外,还需要一些测试仪表、采集工具、通信设备及控制计算机等。

实验系统的运行状态及输出的激振信号需要通过传感器测试获得并展开定量描述。本书研究的实验系统输出信号均为模拟量。作为信号的输出及交换环节,传感器的性能对实验结果的评价有重大影响。因此,根据被测物理量、接触方式、工作介质、工作条件等因素,在选取传感器时也要因地制宜。根据课题组的研究基础及大流量安全阀动态测试的实验要求[180-181],分别对本次实验中传感器的技术参数进行介绍。

(1) 蜗轮流量计

蜗轮流量计的工作原理:当液体通过管道流经蜗轮流量计时,其内部的叶轮在流体的冲

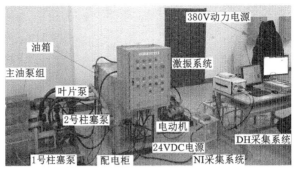

(a) 实验台整体

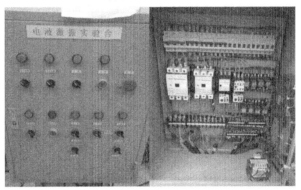

(b) 配电柜

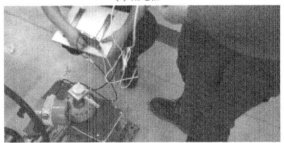

(c) 传感器安装

(d) 激振系统实物

图 6-9　实验台搭建现场

(e) 数据采集系统实物

图 6-9（续）

击作用下持续旋转,从而改变磁电感应系统中的磁电阻,周期性改变通过线圈内的磁通量并产生一定量的电流信号,电流信号经过电路中的放大环节输出液体流量的测量值。需要说明的是:根据蜗轮流量计的实际安装规范,需要在液体流动的上游段和下游段预留一定长度的直管段。本实验系统中,由于对旋转控制阀的输出流量进行直接打孔测量时无法满足蜗轮流量计的安装要求,而旋转控制阀和激振液压缸之间的传输管路并非长管路,因此选择在阀缸之间的钢管上安装测量。根据相关参考文献及相似研究结果,这种测量方式是可行的[182]。考虑到本实验系统管路对旋转控制阀输出流量可能会造成一定影响,所以将蜗轮流量计的叶轮部分采取焊接方式,这样既满足了流量计的安装要求,又不会因管路过长导致测量精度下降,实验所用蜗轮流量计如图 6-10 所示。

（2）压力变送器

本实验系统中,利用压力变送器测试旋转控制阀的压力并采集数据。由于旋转控制阀的特殊结构,若选择在阀体相应的油槽处打孔安装,则需要考虑额外的密封及加工难度等因素,而实际上旋转控制阀在持续工作时,由于管路不是很长,所以同样采用在阀缸连接的管路上进行打孔的安装方式。实验所用压力变送器如图 6-11 所示。

（3）直线位移传感器

考虑到安装空间及激振液压缸样机的行程,在实验中选择拉绳式直线位移传感器,其固定方式为磁吸固定。拉绳式位移传感器的技术原理为:可拉伸的钢索穿绕于带螺纹的轮毂上,轮毂与感应增量编码器相连接,当钢索的直线位置出现变化时,通过编码器进行记录、输出电信号。此类传感器具有安装尺寸小,固定方式灵活、测量行程宽等优点。实验中所选的直线位移传感器实物如图 6-12 所示。

（4）加速度传感器

加速度传感器可将待测物体振动的激励转化成一定宽度的激励电信号进行输出,加速度传感器可按输出形式分为压电式、压阻式、电荷式等。根据激振液压缸活塞杆及辅助连接件的结构形式,依托辽宁省"大型工况装备重点实验室"现有条件,本次实验所用的加速度传

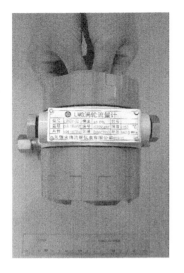

图 6-10 蜗轮流量计实物　　　　　　　图 6-11 压力变送器实物

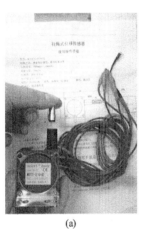

(a)　　　　　　　　　　(b)

图 6-12 拉绳式直线位移传感器实物

感器为东华测试 DH311E-IEPE 型压电式加速度传感器,安装规格为磁吸固定式。所用实物及技术参数报告如图 6-13 所示。

(a)　　　　　　　　　　(b)

图 6-13 DH311E 加速度传感器

（5）数据采集系统

实验中使用的数据采集系统主要为 NI PXIE 1042Q 数据采集系统,配备 NI 6281 多通道数据采集卡和东华动态测试分析系统 DH5922N。其中,旋转控制阀的压力、流量及激振位移由 NI PXIE 1042Q 数据采集系统通过 Labview 程序采集,激振加速度则由 DH5922N 采集系统,通过 DHDAS 程序进行采集,采集系统实物如图 6-14 所示。

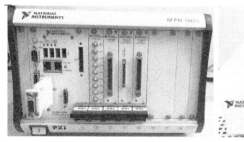

(a) NI PXIE 1042Q 数据采集系统　　　　(b) NI SCB 68 屏蔽式 I/O 接线盒

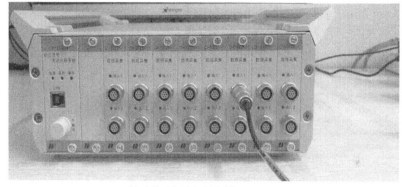

(c) 东华动态测试分析系统DH5922N

图 6-14　数据采集系统

由于蜗轮流量计和压力变送器为电流输出(根据项目研发实践经验,电流传输信号损失程度远低于电压传输),而 NI 6281 采集卡的输入为电压信号,因此需要隔离、转换才能进行实时采集,虽然通过串接精密电阻的方式可以实现转换,但此种方式产生的误差和干扰较大,而使用信号转换隔离器可以在一定程度上解决此问题,从而提高信号的传输精度。本次实验所用信号隔离转换器为杭州美控 MIK-602S 单通道智能型隔离器,其实物照片如图 6-15 所示。

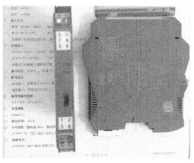

图 6-15　信号隔离器实物

6.3 旋转控制电液激振时效系统特性实验

通过四芯六方电缆将实验台接 380 V AC 动力电源,先开启 1 号柱塞泵对系统进行预热调试,并对蓄能器进行预加压,反复几次直至系统稳定后开启电动机令旋转控制阀空转一段时间,随后开启叶片泵向旋转控制阀小排量供油,实现电液激振实验台的基本振动。通过 1 号柱塞泵及控制柜的动力加载按钮对系统进行加压测试,系统压力由辅助阀组的压力表实时显示;通过控制柜的电机加载按钮可调整旋转控制阀的不同转速。需要快速增压时,可通过控制柜开启 2、3 号柱塞泵,通过三泵同时供油提高系统压力。实验台稳定运转及调试完毕,制定实验方案对研究内容进行验证性实验,并将相应的传感器及采集设备进行安装、连接。设定采样频率为 2 k。通过 NI 采集系统的 DAQ 助手及 DHDAS 动态信号采集分析系统对实验的振动数据进行采集、处理,实验时的数据实时采集现场如图 6-16 所示。

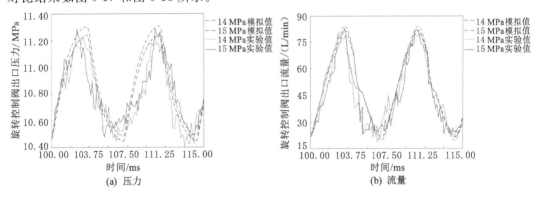

图 6-16 实验台的数据采集现场

6.3.1 旋转控制阀的输出特性实验

通过电液激振时效系统的实验测试和数值模拟,分别获得不同工况下旋转控制阀的压力、流量数据,利用 MATLAB 对实验数据进行滤波处理,由于采样频率较高,采集到的数据点较为密集,为避免运算量过大导致计算机内存不足,可等间隔抽点进行分析,模拟和实验对比结果如图 6-17 和图 6-18 所示。

(a) 压力 (b) 流量

图 6-17 压力不同工况下旋转控制阀的输出特性

图 6-17(a)、图 6-17(b)分别为系统供油压力为 14 MPa、15 MPa 时,旋转控制阀的输出

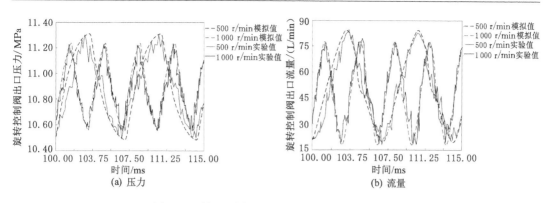

图 6-18 转速不同工况下旋转控制阀的输出特性

压力、流量曲线。图 6-18(a)、图 6-18(b)分别为旋转控制阀转速为 500 r/min、1 000 r/min 时,旋转控制阀的输出压力、流量曲线。对比分析数值模拟和实验结果可知:两种工况下,旋转控制阀的压力、流量曲线近似为正弦波,模拟值与实验值的平均误差约为 2.03%。忽略实验过程中的微量泄漏、油液黏度随工作时长而下降等环境因素引起的误差,可以认为数值模拟结果和实验所得结果整体趋势相同,波形情况基本吻合,在一定程度上验证了前文的研究结果,同时证明了旋转控制阀结构的合理性和运行的可靠性。

由图 6-17 可知:当系统压力为 14 MPa 时,旋转控制阀输出压力峰值的模拟结果和实验结果分别为 11.24 MPa、11.21 MPa,出口流量峰值的模拟结果和实验结果分别为 82.24 L/min、80.61 L/min;当系统压力为 15 MPa 时,旋转控制阀输出压力峰值的模拟结果和实验结果分别为 11.32 MPa、11.28 MPa,出口流量峰值的模拟结果和实验结果分别为 84.41 L/min、82.73 L/min。实验时,随着系统供油压力的上升,旋转控制阀的输出压力、流量峰值分别提高了 0.62%、2.63%。

由图 6-18 可知:当旋转控制阀转速为 500 r/min 时,旋转控制阀输出压力峰值的模拟结果和实验结果分别为 11.32 MPa、11.29 MPa,输出流量峰值的模拟结果和实验结果分别为 84.38 L/min、83.54 L/min;当旋转控制阀转速为 1 000 r/min 时,旋转控制阀输出压力峰值的模拟结果和实验结果分别为 11.24 MPa、11.23 MPa,输出流量峰值的模拟结果和实验结果分别为 77.62 L/min、78.09 L/min。随着旋转控制阀旋转速度的增大,旋转控制阀的输出压力、流量峰值分别下降了 0.57%、7.84%。

6.3.2 电液激振时效系统的激振特性实验

6.3.2.1 转速实验

当旋转控制阀转速不同时,对电液激振时效系统进行数值模拟及实验,获得空载条件下的激振位移和加速度特性曲线如图 6-19 所示。

由图 6-19 可知:当前工况下电液激振时效系统的振动波形近似为正弦波,模拟值和实验值整体趋势相同,实验值波形的失真情况较弱。一个振动周期内,实验值和模拟值的平均误差约为 8.72%,实验结果与理论研究可以相互验证,同时证明了旋转控制电液激振时效系统可实现激振特性的调幅、调频控制。

根据图 6-19 所示激振特性曲线,当旋转控制阀处于转速 500 r/min 工况时,电液激振时

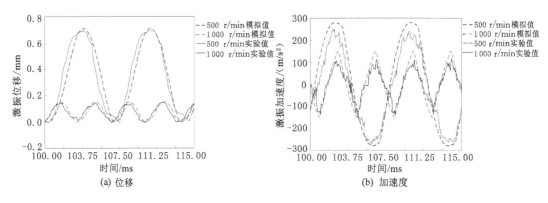

图 6-19　转速不同工况下电液激振时效系统的激振特性

效系统激振位移峰值的模拟结果和实验结果分别为 0.711 3 mm、0.658 2 mm,激振加速度峰值的模拟结果和实验结果分别为 279.442 m/s²、244.948 m/s²;当旋转控制阀处于转速为 1 000 r/min 工况时,电液激振时效系统激振位移峰值的模拟结果和实验结果分别为 0.152 6 mm、0.139 5 mm,激振加速度峰值的模拟结果和实验结果分别为 149.072 m/s²、110.722 m/s²。随着旋转控制阀旋转速度的增大,系统激振位移、激振加速度的峰值呈显著下降趋势。转速越高,激振曲线波形的"尖点"越明显,达到峰值时的波动越剧烈。

6.3.2.2　压力实验

当电液激振时效系统的供油压力不同时,对电液激振时效系统进行数值模拟及实验,获得空载条件下的激振位移及加速度特性曲线如图 6-20 所示。

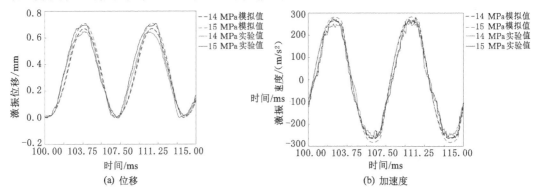

图 6-20　压力不同工况下电液激振时效系统的激振特性

由图 6-20 可知:当前工况下电液激振时效系统负载激振过程的模拟值和实验值整体趋势相同,实验值波形的失真情况较弱。随着系统供油压力的上升,电液激振时效系统激振位移和激振加速度均呈现上升趋势。当系统供油压力为 14 MPa 时,系统激振位移峰值的模拟结果和实验结果分别为 0.660 3 mm、0.639 9 mm,系统激振加速度峰值的模拟结果和实验结果分别为 262.190 m/s²、254.463 m/s²;当系统供油压力为 15 MPa 时,系统激振位移峰值的模拟结果和实验结果分别为 0.707 3 mm、0.690 5 mm,系统激振加速度峰值的模拟结果和实验结果分别为 279.472 m/s²、268.624 m/s²。

6.3.2.3　负载实验

为了对载荷工况下电液激振时效系统的激振特性进行实验,对载荷所用连接部件进行了二次设计。根据现有条件,本次实验以哑铃片作为固定负载,采用丝杆和螺母压紧的方式与激振液压缸活塞杆的输出端进行固连,荷载安装现场、承重丝杠及负载质量如图 6-21 所示。通过数值模拟和实验获得空载运行和负载 10.05 kg 运行时电液激振时效系统的激振特性曲线如图 6-22 所示。

(a)　　　　　　　　　(b)　　　　　　　　　(c)

图 6-21　负载安装现场

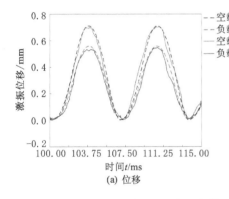
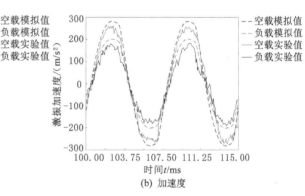

图 6-22　有无负载工况下电液激振时效系统的激振特性

由图 6-22 可知:对比空载和负载工况下,电液激振时效系统负载激振过程的模拟值和实验值整体趋势基本一致。由此可以判断:随着负载质量的增加,系统激振波形不变,电液激振时效系统激振位移和激振加速度均呈下降趋势。空载运行时,系统激振位移峰值的模拟结果和实验结果分别为 0.711 2 mm、0.695 5 mm,系统激振加速度峰值的模拟结果和实验结果分别为 282.025 m/s²、256.612 m/s²;当负载 10.05 kg 运行时,系统激振位移峰值的模拟结果和实验结果分别为 0.560 3 mm、0.535 5 mm,系统激振加速度峰值的模拟结果和实验结果分别为 200.206 5 m/s²、179.133 m/s²。

6.3.2.4　管路实验

(1)管路特征

由于电液激振时效系统的物理样机为有管路的液压系统,根据第 5 章的管路键合图模型可知管路特征对本实验系统的激振特性存在一定影响。因此,综合考虑现有条件及应用范围,通过外购订制的方式对旋转控制阀和激振液压缸之间的管路进行选型,着重考虑工业通用管路的基本特征对电液激振时效系统激振特性的影响。本次实验主要以矿用钢丝层胶管及 AISI 304 不锈钢管为对象,矿用胶管可根据耐压等级及软硬程度分为 1 层钢丝、2 层钢丝、4 层钢丝的编制胶管,连接方式均为双头活套螺母的直管连接。实验所用内径一致的管路特征对比组如图 6-23 所示。通过模拟和实验获得不同管路特征工况下电液激振时效系统的激振特性对比曲线,如图 6-24 所示。

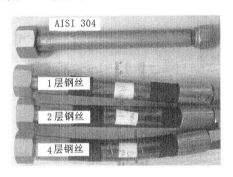

图 6-23　管路特征对比实验样件

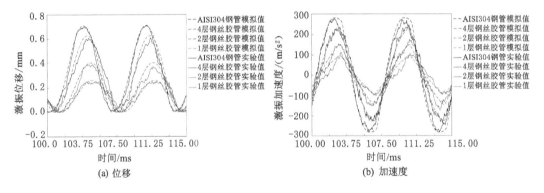

(a) 位移　　　　　　　　　　　　　　(b) 加速度

图 6-24　不同管路工况下电液激振时效系统的激振特性

由图 6-24 可知:对比不同管路特征的工况下,电液激振时效系统负载激振过程稳定振动时的模拟值和实验值整体趋势相似。不同管路的激振位移、激振加速度出现明显滞后现象而且振动波形的稳定程度也出现显著差异。根据常识可以对管路的硬度进行判断,硬度由大到小的顺序为 AISI304、4 层钢丝胶管、4 层钢丝胶管、2 层钢丝胶管、1 层钢丝胶管。因此,随着管路硬度的下降,电液激振时效系统激振位移和激振加速度呈幅值衰减、相位滞后的趋势。选用 AISI 304 管路进行实验时,系统的激振位移、激振加速度分别为 0.685 8 mm,263.826 m/s^2;选用 4 层钢丝胶管进行实验时,系统的激振位移、激振加速度分别为 0.602 9 mm,222.661 m/s^2;选用 2 层钢丝胶管进行实验时,系统的激振位移、激振加速度分别为 0.376 4 mm,161.538 m/s^2;选用 1 层钢丝胶管进行实验时,系统的激振位移、激振加速度分别为 0.237 8 mm,104.158 m/s^2。

　　(2) 管路长度

为验证管路长度对电液激振时效系统激振特性的影响,以 AISI 304 不锈钢管为对象,实验所用的管路长度对比组如图 6-25 所示。通过模拟和实验获得不同管路长度工况下,电液激振时效系统的激振特性对比曲线如图 6-26 所示。

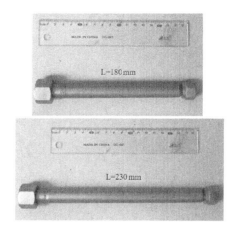

图 6-25　管路长度对比实验样件

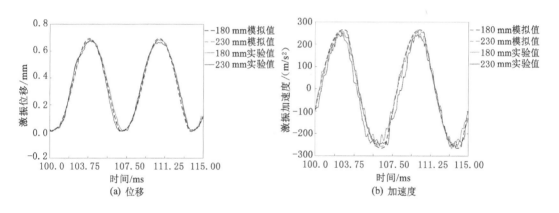

图 6-26　不同管路长度工况下电液激振时效系统的激振特性

由图 6-26 可知:对比不同管路长度的工况下,电液激振时效系统负载激振过程稳定振动时的模拟值和实验值整体趋势一致。管路长度增加时,激振位移、激振加速度呈幅值降低趋势。当管路长度为 180 mm 时,系统激振位移峰值的模拟结果和实验结果分别为 0.698 3 mm、0.679 1 mm,系统激振加速度峰值的模拟结果和实验结果分别为 264.565 m/s²、249.685 m/s²;当管路长度为 230 mm 时,系统激振位移峰值的模拟结果和实验结果分别为 0.695 1 mm、0.665 7 mm,系统激振加速度峰值的模拟结果和实验结果分别为 260.142 m/s²、245.965 m/s²。

(3)管路内径

为验证管路内径对电液激振时效系统激振特性的影响,以 AISI 304 不锈钢管为对象,实验所用的管路内径对比组如图 6-27 所示。通过模拟和实验获得不同管路内径工况下,电液激振时效系统的激振特性对比曲线如图 6-28 所示。

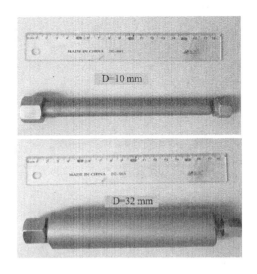

图 6-27　管路内径对比实验样件

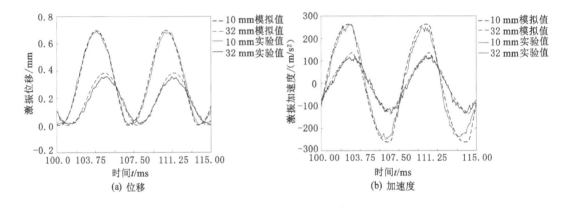

图 6-28　不同管路内径工况下电液激振时效系统的激振特性

由图 6-28 可知:对比不同管路内径工况,电液激振时效系统负载激振过程稳定振动时的模拟值和实验值整体趋势基本一致。管路内径增大时,激振位移、激振加速度的幅值显著降低,加速度波形在拐点处失真现象明显。当管路的内径为 10 mm 时,系统激振位移峰值的模拟结果和实验结果分别为 0.698 3 mm、0.681 9 mm,系统激振加速度峰值的模拟结果和实验结果分别为 264.565 m/s²、255.809 m/s²;当管路的内径为 32 mm 时,系统激振位移峰值的模拟结果和实验结果分别为 0.386 2 mm、0.346 6 mm,系统激振加速度峰值的模拟结果和实验结果分别为 137.501 m/s²、110.786 m/s²。

6.4　本章小结

制造了旋转控制阀、激振液压缸样机,并搭建了旋转控制电液激振时效系统实验台。利用实验台对旋转控制阀的输出特性及系统的激振特性进行实验测定。实验过程中,旋转控制阀和整个实验系统均能良好运行。实验结果表明:基于旋转控制阀的电液激振时效系统在结构设计、特性实验及振动效果等方面均切实可行;通过对比仿真和实验的相关研究结果可知:仿真模拟与实验测试的整体趋势基本一致,吻合程度相对较好,旋转控制电液激振时效系统的激振特性较为稳定。通过对不同工况、负载特征和管路特征影响下的激振特性进行研究,可为该系统的结构进化设计、集成化设计、夹具设计及待开展的时效性研究提供有效的数据和实验基础。

7 主要结论与展望

7.1 主要结论

　　为了实现振动时效工艺所需的激振要求,本书提出一种旋转配流式电液激振时效系统,对配套旋转控制阀和激振液压缸进行结构设计,利用计算流体力学方法、实验设计方法、响应面法、二次回归正交优化方法、数值解析法、基于键合图理论的 AMESim 仿真模拟方法和实验验证等手段对旋转控制阀及电液激振时效系统的动态特性进行研究,主要得到如下结论:

　　(1)设计了旋转配流电液激振时效系统,对系统关键环节——旋转控制阀和激振液压缸进行结构设计,对旋转控制阀的通流过程及压力-流量特性进行数学解析,分析了旋转控制阀的液动力特性。参照实际工况,基于唇边活塞变间隙密封和元件密封的基本原理设计了激振液压缸的复合密封结构;根据负载特征的差异,对激振液压缸进行数学建模。根据系统总成,分析了系统的测控及数据采集要点和实验要求。

　　(2)基于 Solidworks、ANSYS/Fluent、Design expert 等数值模拟平台,利用 MRF 滑移动网格方法对旋转控制阀配流过程进行动态模拟,分析了阀芯油槽形状、油口压差及旋转速度对阀口的压力、流量等动态特性的影响规律,结果表明:三种阀芯中,矩形阀芯内部涡流程度比其他两种阀芯弱,输出特性最好,压力峰值为 11.33 MPa,最高流量可达 84.42 L/ min;油口压差 ΔP 分别为 4 MPa、5 MPa、6 MPa 时,旋转控制阀阀口的压力峰值分别为 11.26 MPa、11.33 MPa、11.42 MPa,最高流量分别为 74.58 L/min、84.42 L/min、87.13 L/min;旋转速度分别为 500 r/min、100 r/min、2 000 r/min 时,旋转控制阀阀口的压力峰值分别为 11.33 MPa、11.23 MPa、11.15 MPa,最高流量分别为 84.42 L/min、76.28 L/min、70.22 L/min。采用 Box-Behnken 实验设计方法,通过 DOE-REM 与 Fluent 相结合,得到开槽参数及其交互作用对旋转控制阀流场特性的影响规律和显著性水平,利用二次回归正交优化方法对旋转控制阀阀芯的开槽参数进行最佳匹配及组合寻优,得到阀芯油槽的最佳开槽参数:油槽长度为 20.00 mm、油槽宽度为 5.65 mm、油槽深度为 8.00 mm,其回归模型的总期望值为 0.907 954,仿真值与实验值误差小于 3%,所得结果为后续研究提供了基础数据。

　　(3)基于液动力分析理论推导出了旋转控制阀的动力学方程,并通过 MATLAB 对旋转控制阀的动态响应特性及稳定性进行数值模拟,分析了阻尼系数、转动惯量、液动力矩对旋转控制阀动态响应特性和稳定性的影响规律,结果表明:阻尼系数增大,旋转控制阀角位移阶跃响应峰值下降了 31.39%,稳定时间缩短了 36.49%;转动惯量增大,旋转控制阀角位移阶跃响应峰值上升了 19.66%,稳定时间延长了 48.86%;液动力矩增大,旋转控制阀角位移阶跃响应峰值上升了 31.29%,稳定时间延长了 9.26%。建立了旋转阀控制液压缸的动态特性仿真模型,利用 Dormand-Prince 数值解析法,以旋转控制阀油槽数量、阀体油口长度、阀芯半径、激振液压缸活塞面积、活塞及负载等效质量为变量,通过 Simulink 模拟得到了阀控缸的动态特性曲线,分析了各变量对阀控缸环节动态特性的影响程度和变化规律,结果表明:油槽数量增加,激振位移、激振加速度的峰值分别下降 86.91%、68.39%;阀体油口长度增加,激振位移、激振加速度的峰值分别上升 30.03%、46.07%;旋转控制阀阀芯半径增加,激振位移、激振加速度的峰值分别上升 62.74%、47.82%;液压缸活塞有效作用面积增加,激振位移、激振加速度的峰值分别下降 16.54%、11.63%;液压缸及负载的等效质量的增加,激振位移、激振加速度的峰值分别下降 45.84%、42.29%。

(4) 基于功率键合图理论及管路分段集中建模理论,根据功率流变原则建立了包含系统变量、负载特征、管路特征的电液激振时效系统负载激振过程 AMESim 仿真模型,通过数值模拟获得了电动机转速、主油泵排量、系统压力、负载特征、管路特征等变量条件下负载激振过程的振动特性曲线及加速度频谱,分别研究了各变量变化对系统振动特性的影响趋势及规律,结果表明:负载振动波形近似为正弦波,波形饱和时存在一定的谐波分量。稳定激振时,电动机转速增加,激振位移、激振加速度的峰值分别下降了 78.55%、46.66%;主油泵排量增加,激振位移、激振加速度的峰值分别上升了 0.11%、0.12%;系统压力,激振位移、激振加速度的峰值分别上升了 42.06%、46.59%;在负载特征中,惯性负载稳定激振的时间最短,激振位移、激振加速度最大;随着负载弹性刚度的增大,激振位移、激振加速度的峰值分别上升了 0.13%、1.38%;负载阻尼增大,激振位移、激振加速度的峰值分别下降 36.32%、4.50%;在管路特征中,管路越硬,激振峰值越大,激振效果越好。管路特征对负载激振过程振动特性影响的显著性由强到弱顺序为内径、长度、壁厚。

(5) 利用现有条件,试制了旋转控制阀、复合密封激振液压缸的实验样件,搭建了电液激振时效系统的物理实验台,并对数据采集设备和系统进行选型和开发。利用电液激振时效系统物理实验台,对相关仿真结果加以实验验证。结果表明:旋转控制阀及激振液压缸在实验过程中运行平稳、可靠,旋转控制阀的输出特性仿真与实验平均误差约为 2.03%,实验与仿真所得旋转控制阀的压力、流量特性波形趋势及幅值关系基本一致;电液激振时效系统的激振特性仿真与实验平均误差小于 10%,系统激振特性的实验与仿真结果整体趋势相同,相位基本吻合,激振位移及激振加速度符合振动时效工艺军工标准的基本要求。证明了旋转控制电液激振时效系统的可行性和有效性,同时验证了相关数值模拟方法及结果的合理性和有效性。

7.2　展望

本书通过理论研究、数值模拟、实验验证对旋转控制电液激振时效系统特性及关键技术进行了深入研究,取得了一定的阶段性研究成果,但是因为研究时间有限,样机加工及实验条件欠佳,后续研究工作可以旋转控制电液激振时效系统为振动手段对多类金属构件进行时效处理,通过残余应力检测技术验证该系统在时效处理方面的性能及优势。

参 考 文 献

[1] 米谷茂. 残余应力的产生和对策[M]. 朱荆璞, 邵会孟, 译. 北京: 机械工业出版社, 1983.

[2] KIM K S, HAHN H T. Residual stress development during processing of graphite/ epoxy composites[J]. Composites science and technology, 1989, 36(2): 121-132.

[3] 毛建中, 郭灵智, 周慧, 等. 复合时效消除工件残余应力的工艺研究[J]. 锻压技术, 2018, 43(10): 151-156.

[4] 徐春广, 李培禄. 无应力制造技术[J]. 机械工程学报, 2020, 56(8): 113-132.

[5] MOAT R J, OOI S, SHIRZADI A A, et al. Residual stress control of multipass welds using low transformation temperature fillers[J]. Materials science and technology, 2018, 34(5): 519-528.

[6] 丁飞, 王谦, 张利蓉, 等. 支持向量机在液压支架可靠性预测中的应用[J]. 机械强度, 2017, 39(3): 603-607.

[7] 丁飞, 王谦. 液压支架结构疲劳动态可靠性评估方法[J]. 中国安全科学学报, 2015, 25(6): 86-90.

[8] 王慧, 赵国超, 宋宇宁, 等. 基于改进的威布尔分布的液压支架可靠性评估方法[J]. 中国安全科学学报, 2018, 28(5): 99-104.

[9] LIAO Y Y, LIAN Z S, FENG J L, et al. Effects of multiple factors on water hammer induced by a large flow directional valve[J]. Strojniški vestnik-journal of mechanical engineering, 2018: 329-338.

[10] 郭灵智. 振动时效消除残余应力的有限元分析和实验研究[D]. 长沙: 湖南大学, 2018.

[11] 张清东, 曾杰伟, 罗晓明, 等. 高强度钢板残余应力振动时效消减技术实验研究[J]. 机械工程学报, 2017, 53(1): 86-92.

[12] 张勇. 21 世纪高效节能环保高新技术: 振动消除应力技术[J]. 中国机械工程, 2002, 13(19): 26-28, 4.

[13] 王剑武, 何闻. 高频激振时效技术的研究[J]. 机床与液压, 2005, 33(9): 9-11, 94.

[14] 廉红珍. 液压波动激振机理及实验研究[D]. 太原: 太原理工大学, 2010.

[15] 宦海祥, 范真. 电动振动设备的发展及展望[J]. 环境技术, 2006, 24(4): 28-31.

[16] 王文娟. 振动控制阀性能实验台的设计[J]. 流体传动与控制, 2012(4): 37-41.

[17] 张永杲. 电液伺服技术的最新成果: 压电元件驱动的超高速电液伺服阀[J]. 中国机械工程, 1992, 3(4): 14-15.

[18] 唐贞云, 李振宝, 纪金豹, 等. 地震模拟振动台控制系统的发展[J]. 地震工程与工程振

动,2009,29(6):162-169.

[19] 陈章位,于慧君.振动控制技术现状与进展[J].振动与冲击,2009,28(3):73-77, 86,200.

[20] STROUD R C,HAMMA G A,UNDERWOOD M A,et al. A review of multiaxis/ multiexciter vibration technology[J]. Sound and vibration,1996,30(4):20-27.

[21] MOTTAHEDI A,SERESHKI F,ATAEI M. Overbreak prediction in underground excavations using hybrid ANFIS-PSO model[J]. Tunnelling and underground space technology incorporating trenchless technology research,2018,80:1-9.

[22] 振动时效效果.评定方法:GB/T 41734.4—2023[S].北京:中国标准出版社,2005.

[23] GLYNNE-JONES P,TUDOR M J,BEEBY S P,et al. An electromagnetic,vibration-powered generator for intelligent sensor systems [J]. Sensorsand actuators a: physical,2004,110(1/2/3):344-349.

[24] LEE T S,PEJOVIC S. Air influence on similarity of hydraulic transients and vibrations[J]. Journal of fluids engineering,1996,118(4):706-709.

[25] 陈新元,陈奎生,曾良才,等.电液伺服激振系统设计与仿真[J].机床与液压,2006, 34(12):108-109.

[26] 王晶.面向动力电池振动实验台的新型电液激振器研究[J].机电工程技术,2019, 48(9):94-99.

[27] ABOIM C,SCOTT R F,LEE J R,et al. Centrifuge earth dam studies:earthquake tests and analyses [J]. Dames and moore, final report to the national science foundation,1986,669-792.

[28] TAKEMURA J. Development of earthquake simulators at Tokyo institute of technology[J]. Technical report,1989,40:55-62.

[29] KETCHAM S A,KO H Y,STURE S. An electrohydraulic earthquake simulator for centrifuge testing[J]. Centrifuge,1988,88:97-102.

[30] GARCIA F E,BRAY J D. Discrete-element analysis of influence of granular soil density on earthquake surface fault rupture interaction with rigid foundations[J]. Journal of geotechnical and geoenvironmental engineering,2019,145(11):190-201.

[31] PAGANO S,RUSSO R,STRANO S,et al. Modelling and control of a hydraulically actuated shaking table employed for vibration absorber testing[C]//Proceedings of ASME 2012 11th Biennial Conference on Engineering Systems Design and Analysis, July 2-4,2012,Nantes,France. 2013:651-659.

[32] CARDONE M,STRANO S. Fluid-dynamic analysis of earthquake shaking table hydraulic circuit [C]//Proceedings of ASME 2012 11th Biennial Conference on Engineering Systems Design and Analysis,July 2 - 4,2012,Nantes,France. 2013: 343-350.

[33] PLUTA J,ORKISZ P. Bi-axial exciter of mechanical vibrations[C]//Proceedings of the 13th International Carpathian Control Conference (ICCC). High Tatras, Slovakia. IEEE,2012:568-572.

[34] ANEKAR N. Design and testing of unbalanced mass mechanical vibrationexciter[J]. International journal of research in engineering and technology,2014,3(8):107-112.

[35] SAADATZI M, SAADATZI M N, TAVAF V, et al. AEVE 3D: acousto electrodynamic three-dimensional vibration exciter for engineering testing[J]. IEEE/ ASME Transactions on Mechatronics,2018,23(4):1897-1906.

[36] 闻邦春,刘凤翘,刘杰.振动筛、振动给料机、振动输送机的设计与调试[M].北京:化学工业出版社,1989.

[37] 骆涵秀.振动台及振动实验[M].北京:机械工业出版社,1991.

[38] 吴剑.振动器在振动设备中的应用[J].铸造设备研究,1989(1):70-74.

[39] 吴振卿.振动设备激振器轴承装置的设计[J].铸造设备研究,1999(5):31-32,34.

[40] 沈祖辉.飞机悬挂装置随机振动实验技术[J].机械科学与技术,2000(增1):28-29,32.

[41] 曹琦.飞机结构件振动环境实验技术初探[J].应用力学学报,2001,18(增1):127-130.

[42] 周苏枫.振动实验与分析一体化系统简介[J].应用力学学报,2001,18(增1):137-141.

[43] 毛大恒,魏会文.液压振动桩锤调矩新方案[J].机械工程与自动化,2005(6):71-73.

[44] 严侠,朱长春,胡勇.三轴六自由度液压振动台系统建模研究[J].机床与液压,2006,34(11):93-95,120.

[45] 廉红珍,寇子明.振动机械液压激振方式的特点分析和发展综述[J].煤矿机械,2007,28(11):12-14.

[46] KOU Z M,LU C Y,WU J,et al. The vibration controllability of 20♯ steel pipe excited by unsteady flow[J]. Journal of Wuhan University of Technology-Mater Sci Ed,2011,26(6):1222-1226.

[47] 闻邦椿."振动利用工程"学科近期的发展[J].振动工程学报,2007,20(5):427-434.

[48] 范宣华,胡绍全,牛宝良,等.振动实验仿真体系构建[C]//第九届全国振动理论及应用学术会议论文集.杭州:[出版者不详],2007:1627-1631.

[49] 蒋刚,何闻,郑建毅.高频振动时效的机理与实验研究[J].浙江大学学报(工学版),2009,43(7):1269-1272.

[50] 胡晓东.振动时效与热时效消除铸造应力工艺比较[J].现代铸铁,2009,29(6):33-37.

[51] 任燕,阮健.典型波形作用下电液激振器输出波形研究[J].中国机械工程,2009,20(24):2963-2968,3023.

[52] 邱明,廖振强,焦卫东,等.自调式激振器对高方平筛停车阶段共振的影响[J].振动与冲击,2010,29(12):169-172,180,246.

[53] 蔡俊飞.高频疲劳实验机激振控制系统的研究[D].杭州:浙江工业大学,2013.

[54] 曲令晋,王兴举,王景.基于双位移阀控激振器的高频疲劳实验系统设计[J].机床与液压,2013,41(21):101-103,106.

[55] 吴樟伟,倪敬,孟爱华.电液双阀激振系统振幅增益特性实验研究[J].杭州电子科技大学学报(自然科学版),2017,37(6):48-54.

[56] 应炎鑫,蒙臻,倪敬.振动拉削用双阀激振系统耦合增益特性分析与实验研究[J].制造技术与机床,2017(2):91-97.

[57] CHEN Z,HUANG Z Q,JING S,et al. Study of the hydraulic disturbance suppression

of a vibrator under high-frequency vibration based on experiments and numerical simulations[J]. Advances in mechanical engineering, 2019, 11(9):168781401987954.

[58] DAUDE F, TIJSSELING A S, GALON P. Numerical investigations of water-hammer with column-separation induced by vaporous cavitation using a one-dimensional finite-volume approach[J]. Journal of fluids and structures, 2018, 83:91-118.

[59] 辛杨桂,窦宝慧,裴旸,等. 高频电液激振系统的应用[J]. 机床与液压, 2015, 43(13): 106-107,124.

[60] 单晓伟. 液压振动下击器的研究与应用[J]. 断块油气田, 2019, 26(4):541-544.

[61] LIU J X, QIAO B J, ZHANG X W, et al. Adaptive vibration control on electrohydraulic shaking table system with an expanded frequency range: theory analysis and experimental study[J]. Mechanical systems and signal processing, 2019, 132:122-137.

[62] ZEID A, SHOUMAN M. Flow-induced vibration on the control valve with a different concave plug shape using FSI simulation [J]. Shock andvibration, 2019, 2019:8724089.

[63] 白继平,阮健. 高频电液数字转阀阀口气穴现象研究[J]. 中国机械工程, 2012, 23(1): 22-28.

[64] 阮健,崔凯,李胜. 大流量2D伺服阀新型控制器的研究[J]. 浙江工业大学学报, 2015, 43(2):154-158,238.

[65] MISRA A, BEHDINAN K, CLEGHORN W L. Self-excited vibration of a control valve due to fluid-structure interaction[J]. Journal of fluids and structures, 2002, 16(5):649-665.

[66] RUAN J, BURTON R T. An electrohydraulic vibration exciter using a two-dimentional valve[J]. Proceedings of the institution of mechanical engineers, part i: journal of systems and control engineering, 2009, 223(2):135-147.

[67] WU W R, WU W W, HUANG Q, et al. Simulation study on vibration characteristics of excitation valve[C]//2017 International Conferenceon Mechanical, System and Control Engineering (ICMSC). St. Petersburg, Russia. IEEE, 2017:85-89.

[68] WANG H, WANG C W, QUAN L, et al. Analytical solution to orifice design in a rotary valve controlled electro-hydraulic vibration exciter for high-frequency sinusoidal vibration waveform [J]. Proceedings ofthe institution of mechanical engineers, part e:journal of process mechanical engineering, 2019, 233(5):1098-1108.

[69] LIU Y, CHENG S K, GONG G F. Structure characteristics of valve port in the rotation-spool-type electro-hydraulic vibrator[J]. Journal of vibration and control, 2017, 23(13):2179-2189.

[70] MENG Z, WU C, NI J. Effect of sink flow on dual-valve electro-hydraulic excitation system[J]. Journal of vibroengineering, 2016, 18:1563-1572.

[71] REN Y, RUAN J, YI J Y. Analysis on the excited waveforms of an electro-hydraulic vibration exciter using a two-dimensional valve[J]. Noise & vibration worldwide,

2010,41(10):59-64.

[72] XING T,FU L,REN Y,et al. Design and simulation of a new electro-hydraulic high-frequency flutter generator[C].[S. l.:s. n.],2011.

[73] HAN D,GONG G F,LIU Y. AMESim based numerical analysis for electrohydraulic exciter applied on new tamper[J]. Applied mechanics and materials,2012,190/191:11-18.

[74] WANG H,GONG G F,ZHOU H B,et al. A rotary valve controlled electro-hydraulic vibration exciter[J]. Proceedings of the institution of mechanical engineers,part c:journal of mechanical engineering science,2016,230(19):3397-3407.

[75] LIU Y,GONG G F,YANG H Y,et al. Regulating characteristics of new tamping device exciter controlled by rotary valve [J]. IEEE/ASME transactions on mechatronics,2016,21(1):497-505.

[76] REN Y,RUAN J. Regulating characteristics of an electro-hydraulic vibrator multiply controlled by the combination of a two-dimensional valve and a standard servo valve [J]. Proceedings of the institution of mechanical engineers, part c:journal of mechanical engineering science,2013,227(12):2707-2723.

[77] REN Y, RUAN J, JIA W A. Output waveform analysis of an electro-hydraulic vibrator controlled by the multiple valves [J]. Chinese journal of mechanical engineering,2014,27(1):186-197.

[78] YU J,ZHUANG J,YU D H. Modeling and analysis of a rotary direct drive servovalve [J]. Chinese journal of mechanical engineering,2014,27(5):1064-1074.

[79] JI X C,REN Y,TANG H S. Analysis on vibration for a high-frequency electro-hydraulic cleaning system controlled by improved two-dimensional rotary valve[J]. Advances in mechanical engineering,2018,10(12):168781401881141.

[80] ZHU M Z,ZHAO S D,LI J X,et al. Computational fluid dynamics and experimental analysis on flow rate and torques of a servo direct drive rotary control valve[J]. Proceedings of theinstitution of mechanical engineers,part c:journal of mechanical engineering science,2019,233(1):213-226.

[81] 蒙臻,倪敬,武传宇.振动拉削双阀激振系统输出波形稳定性分析及实验研究[J].振动与冲击,2017,36(20):84-90.

[82] 曹飞梅.基于CFD对不同结构形状的滑阀阀芯流场可视化分析与研究[D].太原:太原理工大学,2018.

[83] 李伟荣,阮健,任燕,等.2D阀控单出杆激振缸低频特性研究[J].中国机械工程,2014,25(1):97-102.

[84] 李伟荣.高频单轴电液振动台振动特性研究[D].杭州:浙江工业大学,2013.

[85] 杨水燕.大流量高频响数字伺服阀[D].杭州:浙江工业大学,2012.

[86] 张鹏.旋转阀口实验台的研发及旋转阀口的仿真研究[D].青岛:中国海洋大学,2015.

[87] 张建卓,杨萃颖,张红记,等.转阀控制的高频液压激振器的研究[J].现代制造工程,2013(9):65-70.

［88］邓宗岳.YZD-LG 液压振动台仿真与研究［D］.阜新:辽宁工程技术大学,2013.

［89］井伟川.转阀配流液压振动器工作特性研究［D］.阜新:辽宁工程技术大学,2015.

［90］黄惠,陈淑梅,陆小霏.新型旋转式换向阀的内部流场分析［J］.液压气动与密封,2016,
36(9):20-26.

［91］王鹤,龚国芳,周鸿彬,等.基于不同阀口形状的阀芯旋转式电液激振器振动波形研究
［J］.机械工程学报,2015,51(24):146-152.

［92］韩冬,龚国芳,刘毅,等.板状阀芯旋转式四通换向阀［J］.机床与液压,2014,42(5):
1-3,34.

［93］韩冬,龚国芳,刘毅,等.液压转阀技术现状及展望［J］.流体机械,2013,41(10):41-44.

［94］阮健,李胜,裴翔,等.2D 阀控电液激振器［J］.机械工程学报,2009,45(11):125-132.

［95］沈建云,裴翔,阮健.2D 电液数字高频阀的设计和实验研究［J］.机床与液压,2010,
38(7):79-81,119.

［96］左希庆,刘国文,江海兵,等.2D 电液伺服流量阀特性研究［J］.农业机械学报,2017,
48(2):400-406,399.

［97］陆倩倩,阮健,李胜.2D 伺服阀矩形先导控制阀口气穴特性研究［J］.液压与气动,
2018(4):8-14.

［98］陆倩倩,阮健,李胜.2D 伺服阀先导级螺旋阀口稳态液动力的研究［J］.流体机械,
2019,47(1):25-30,47.

［99］ZHU M Z,ZHAO S D,LI J X. Design and analysis of a new high frequency double-
servo direct drive rotary valve［J］. Frontiers of mechanical engineering,2016,11(4):
344-350.

［100］刘毅.捣固装置及其电液激振技术的研究［D］.杭州:浙江大学,2013.

［101］WANG H,QUAN L,HUANG J H,et al. Reduction of steady flow torques in a
single-stage rotary servo valve［J］. Proceedings of the institution of mechanical
engineers,part e:journal of process mechanical engineering,2019,233(4):718-727.

［102］ABUOWDA K,NOROOZI S,DUPAC M,et al. A dynamic model and performance
analysis of a stepped rotary flow control valve［J］. Proceedings of the institution of
mechanical engineers, part i: journal of systems and control engineering, 2019,
233(9):1195-1208.

［103］WANG H,GONG G F,ZHOU H B,et al. Steady flow torques in a servo motor
operated rotary directional control valve［J］. Energy conversion and management,
2016,112:1-10.

［104］李洪人.液压控制系统［M］.北京:国防工业出版社,1981.

［105］王春行.液压控制系统［M］.北京:机械工业出版社,1999.

［106］余广.基于表面织构的高速伺服液压缸间隙密封动压润滑研究［D］.武汉:武汉科技大
学,2016.

［107］姜耀文,傅连东,湛从昌,等.变间隙密封液压缸活塞唇边变形量数学模型研究［J］.润
滑与密封,2018,43(10):38-44.

［108］毛阳.织构化液压缸摩擦副特性建模与实验研究［D］.武汉:武汉科技大学,2017.

[109] 高雨,傅连东,湛从昌,等.液压缸活塞变间隙密封结构形状研究[J].中国机械工程,2016,27(24):3345-3350.

[110] 王慧,赵国超,宋宇宁,等.采煤机调高过程的轨迹跟踪模糊 PID 控制[J].电子测量与仪器学报,2018,32(8):164-171.

[111] 骆涵秀,李世伦,朱婕,等.机电控制[M].杭州:浙江大学出版社,1994:32-35.

[112] CHEN X L,ZENG L C,CHEN X B. Eccentric correction of piston based on bionic micro-texture technology for the gap seal hydraulic cylinder[J]. Micro & nano letters,2019,14(1):33-37.

[113] ANGERHAUSEN J,WOYCINIUK M,MURRENHOFF H,et al. Simulation and experimental validation of translational hydraulic seal wear [J]. Tribology international,2019,134:296-307.

[114] GUO Q,WANG Q,LI X C. Finite-time convergent control of electrohydraulic velocity servo system under uncertain parameter and external load[J]. IEEE transactions on industrial electronics,2019,66(6):4513-4523.

[115] 康绍鹏,赵静一,杨少康,等.全液压钻机给进液压系统的负载特性[J].液压与气动,2016(11):1-9.

[116] 侯冬冬,程栋,秦丽萍,等.基于三状态控制的电液伺服加速度控制策略[J].液压与气动,2018(5):47-53.

[117] XIA Y M,SHI Y P,YUAN Y,et al. Analyzing of influencing factors on dynamic response characteristics of double closed-loop control digital hydraulic cylinder[J]. Journal of advanced mechanical design,systems,and manufacturing,2019,13(3):JAMDSM0048.

[118] 装甲车辆振动消除应力技术要求:NACE WJ-2—2012[S].北京:中国标准出版社,2008.

[119] JEYAJOTHI K,KALAICHELVI P. Augmentation of heat transfer and investigation of fluid flow characteristics of an impinging air jet on to a flat plate [J]. Arabian journal for science and engineering,2019,44(6):5289-5299.

[120] 黄卫星,伍勇.工程流体力学[M].3 版.北京:化学工业出版社,2018.

[121] 王福军.计算流体动力学分析:CFD 软件原理与应用[M].北京:清华大学出版社,2004.

[122] TAMBURRANO P,PLUMMER A R,DISTASO E,et al. A review of direct drive proportional electrohydraulic spool valves:industrial state-of-the-art and research advancements[J]. Journal of dynamic systems,measurement,and control,2019,141(2):020801.

[123] AUNG N Z,YANG Q J,CHEN M,et al. CFD analysis of flow forces and energy loss characteristics in a flapper-nozzle pilot valve with different null clearances[J]. Energy conversion and management,2014,83:284-295.

[124] FINNEMORE E J,FRANZINI J B.流体力学及其工程应用[M].北京:清华大学出版社,2003.

［125］ ZHANG J H，WANG D，XU B，et al. Experimental and numerical investigation of flow forces in a seat valve using a damping sleeve with orifices［J］. Journal of Zhejiang University：science A，2018，19(6)：417-430.

［126］ 郑力铭. ANSYS Fluent 15.0 流体计算—从入门到精通［M］. 北京：电子工业出版社，2016.

［127］ 苏铭德，黄素逸. 计算流体力学基础［M］. 北京：清华大学出版社，1997.

［128］ COLOMBO M，CAMMI A，GUÉDON G R，et al. CFD study of an air – water flow inside helically coiled pipes［J］. Progress innuclear energy，2015，85：462-472.

［129］ 刘方，翁庙成，龙天渝. CFD 基础及应用［M］. 重庆：重庆大学出版社，2015.

［130］ 谢龙汉，赵新宇. ANSYS CFX 流体分析及仿真［M］. 北京：电子工业出版社，2013.

［131］ 王瑞金，张凯，王刚. Fluent 技术基础与应用实例［M］. 北京：清华大学出版社，2007.

［132］ CLOETE S，JOHANSEN S T，AMINI S. Grid independence behaviour of fluidized bed reactor simulations using the Two Fluid Model：effect of particle size［J］. Powder technology，2015，269：153-165.

［133］ 王春林，冯一鸣，叶剑，等. 基于 RBF 神经网络与 NSGA-Ⅱ算法的渣浆泵多目标参数优化［J］. 农业工程学报，2017，33(10)：109-115.

［134］ 张成亮，欧阳斌，马名中，等. 启动阶段涡轮阻尼器流场特性数值仿真研究［J］. 华中科技大学学报（自然科学版），2018，46(8)：24-27.

［135］ ZHU M Z，ZHAO S D，LI J X，et al. Computational fluid dynamics and experimental analysis on flow rate and torques of a servo direct drive rotary control valve［J］. Proceedings of the institution of mechanical engineers，part c：journal of mechanical engineering science，2019，233(1)：213-226.

［136］ 陈家林. 转阀配流液压变频式振动器特性研究［D］. 阜新：辽宁工程技术大学，2019.

［137］ 张鹏. 旋转阀口实验台的研发及旋转阀口的仿真研究［D］. 青岛：中国海洋大学，2015.

［138］ 王鹤，龚国芳，李文静. 基于不同阀口形状的转阀稳态液动力矩研究［C］//第九届全国流体传动与控制学术会议（9th FPTC-2016）论文集. 杭州：［出版者不详］，2016：833-837.

［139］ 孟祥强，曹连民，张丹，等. 液压支架手动增压控制阀流场特性分析［J］. 煤矿机械，2019，40(6)：79-81.

［140］ 周鸿彬. 阀芯旋转式四通换向阀液动力研究［D］. 杭州：浙江大学，2015.

［141］ 贾晓明. 二次回归正交法 53/5t 桥式起重机主梁结构优化设计［D］. 阜新：辽宁工程技术大学，2015.

［142］ CHEN Q P，JI H，ZHU Y，et al. Proposal for optimization of spool valve flow force based on the MATLAB-AMESim-FLUENT joint simulation method［J］. IEEE Access，2018，6：33148-33158.

［143］ REN Y，TANG H S，XIANG J W. Experimental and numerical investigations of hydraulic resonance characteristics of a high-frequency excitation system［J］. Mechanical systems and signal processing，2019，131：617-632.

［144］ 张英杰，韩戈，董旭，等. 高负荷离心压气机扩压器叶片前缘开槽参数化研究［J］. 西安

交通大学学报,2019,53(9):34-41.

[145] 任露泉.回归设计及其优化[M].北京:科学出版社,2009.

[146] 李典,冯国瑞,郭育霞,等.基于响应面法的充填体强度增长规律分析[J].煤炭学报,2016,41(2):392-398.

[147] 付自国,乔登攀,郭忠林,等.基于RSM-BBD的废石-风砂胶结体配合比与强度实验研究[J].煤炭学报,2018,43(3):694-703.

[148] 曹丽华,林阿强,张岩,等.基于二次回归正交实验的排汽缸导流环优化设计[J].机械工程学报,2016,52(14):157-164.

[149] HNAIEN N, MARZOUK S, KOLSI L, et al. Offset jet ejection angle effect in combined wall and offset jets flow: numerical investigation and engineering correlations [J]. Journal of the Braziliansociety of mechanical sciences and engineering,2019,41(11):479.

[150] HAN Y M, HAN C, KIM W H, et al. Control performances of a piezoactuator direct drive valve system at high temperatures with thermal insulation[J]. Smart materials and structures,2016,25(9):097003.

[151] 韩冬.电液激振高速换向技术[D].杭州:浙江大学,2014.

[152] 祖海英.超高频液压振动器及静压轴承机理的研究[D].大庆:大庆石油学院,2005.

[153] 周盛,徐兵,杨华勇.高速开关阀液动力补偿[J].机械工程学报,2006,42(增1):5-8.

[154] DERYUSHEVA V N, KRAUINSCH P Y, IOPPA A V, et al. Model of hydraulic rotary control valve for control of pneumohydraulic impact unit[J]. Key engineering materials,2016,685:365-369.

[155] 胡志强.液压振动台活塞面积的选择[J].航空精密机械工程,1986,22(2):29-33.

[156] 林添良,黄伟平,任好玲,等.工程机械负载敏感型自动怠速系统[J].上海交通大学学报,2016,50(12):1929-1935.

[157] 宋玉山,任孝东,任峰.液压管路动态特性分析与实验[J].锻压装备与制造技术,2018,53(4):79-82.

[158] 祁步春.基于功率键合图的转阀式液压激振器运动特性研究[D].赣州:江西理工大学,2018:21-25.

[159] 刘智,杨伟,张涛川.两自由度高频转阀阀口压力特性研究[J].机床与液压,2018,46(20):68-73.

[160] XING T, FU L, REN Y, et al. Design and simulation of a new electro-hydraulic high-frequency flutter generator [C]//Proceedings of 2011international conference on fluid power and mechatronics. Beijing,China. IEEE,2011:400-405.

[161] 陈照弟,李洪人,王广怀,等.蓄能器对管路系统压力冲击影响的分析研究[J].液压气动与密封,1999,19(2):2-5,49.

[162] 艾超,孔祥东,刘胜凯,等.泵控液压机蓄能器快锻回路控制特性影响因素研究[J].锻压技术,2014,39(2):88-95,101.

[163] 阎世敏,李洪人.层流流体管路分段集中参数键图模型研究[J].工程设计学报,2002,9(3):113-115.

[164] 阎世敏,陈照第,李洪人.紊流流体管路分段集中参数键图模型研究[J].机械工程学报,2001,37(7):12-14.

[165] 李洪人,陈照弟.新的液压管路分段集中参数键图模型及其实验研究[J].机械工程学报,2000,36(3):61-64.

[166] 王慧,张强,王超,等.管路动态对车桥加载系统的影响[J].世界科技研究与发展,2010,32(2):190-192.

[167] 权凌霄,孔祥东,高英杰,等.不考虑进口特性的蓄能器吸收冲击理论及实验[J].机械工程学报,2007,43(9):28-32.

[168] 张强.基于二次调节的车辆轮桥加载系统特性研究[D].阜新:辽宁工程技术大学,2011:45-46.

[169] 何利.液压长管道阀控缸系统压力与流量传输特性研究[D].长沙:中南大学,2012:34-40.

[170] ZHANG D,ZHANG X L,LI H B. Simulation of dynamic characteristic of reverse pressure relief valve with AMESim [J]. IOP conference series：earth and environmental science,2019,242:032040.

[171] 任燕.高频电液激振器的特性研究[D].杭州:浙江工业大学,2012.

[172] 陈硕.电液伺服振动台多自由度弹性负载建模研究[D].哈尔滨:哈尔滨工程大学,2017.

[173] 俞滨,巴凯先,王佩,等.四足机器人液压驱动单元变刚度和变阻尼负载特性的模拟方法[J].中国机械工程,2016,27(18):2458-2466.

[174] 赵雄鹏.液压支架供回液管路压力损失与动态特性研究[D].太原:太原科技大学,2018.

[175] 郭艳蓉,廉自生.液压支架供液管路动态特性分析[J].煤矿机械,2011,32(4):112-115.

[176] 李志恩,郭艳蓉,廉自生.液压支架供液管路频率特性分析[J].太原理工大学学报,2012,43(2):203-206.

[177] 郭艳蓉.液压支架供液管路动态特性分析[D].太原:太原理工大学,2011.

[178] 仉志强,李永堂,赵雄鹏,等.管路体积模量对液压支架立柱缸动态特性的影响[J].液压与气动,2018(12):65-68.

[179] 从恒斌,王贵桥,郑宏伟.液压油和软管的等效体积弹性模量测定[J].机床与液压,2010,38(5):81-83.

[180] 宋宇宁.液压支架用抗冲击双级保护大流量安全阀研究[D].阜新:辽宁工程技术大学,2017.

[181] 王慧,赵国超,金鑫,等.基于分段融合的压阻式传感器温度补偿方法[J].传感技术学报,2018,31(4):562-566.

[182] 马青松.蜗轮流量计校准结果数据处理与分析[J].计量技术,2017(3):67-69.